LE NOUVEAU DÉSORDRE ÉLECTRIQUE

Questionner l'Europe
Collection dirigée par Bruno Péquignot

Les questions européennes sont aujourd'hui au centre de la vie sociale, économique culturelle et politique en France comme dans l'ensemble des pays qui participent à l'Union européenne ou non. Cette collection accueille des ouvrages qui contribuent et participent aux débats et controverses sur ces questions.

Déjà parus

Anastase-Jean D. *Métaxas, De l'Europe, Se relégitimer pour acter*, 2022.
Lucas Da Silva, *La défense européenne : chimère ou réalité ?*, 2022.
Domenico ROSSETTI DI VALDALBERO, *L'Europe fédérale, cette utopie vivante*, 2022.
Ghislaine PELLAT et Xavier RICHET (dir.), *L'Europe, ses acteurs et leurs stratégies*, 2021.
Alain CREMIEUX, *Vers une Europe-Puissance. Comment aboutir concrètement à l'Europe de la défense*, 2020.
Yvan FALYS, *Plaidoyer pour une France fédérale dans une Europe des régions*, 2020.
Patrick MONOD-GAYRAUD, *La Pologne prisonnière de son église,* 2020.
Delteil et Xavier Richet, *L'Europe, une fracture à retardement, Intégration asymétrique, dépendances, fragmentation*, 2019.
Aloïs ZORVËN, *L'espoir Européen, Des unions précédentes à l'Union européennes,* 2019.
François DUPONT, *Les priorités du Citoyen Européen*, 2018.
Emmanuel TUCHSCHERER, *L'Europe en héritage, La génération Erasmus à l'heure des choix, Essai et témoignage*, 2018.

Michel Vakaloulis

LE NOUVEAU DÉSORDRE ÉLECTRIQUE

La dérégulation du marché européen de l'énergie

L'Harmattan

DU MÊME AUTEUR

— *Du pouvoir vertical aux pouvoirs partagés*, Paris, Editions de l'Atelier, 2018 ((avec Hervé Sérieyx).
— *Le comité d'entreprise de demain*, Paris, Editions de l'Atelier, 2015.
— *Précarisés, pas démotivés. Les jeunes, le travail, l'engagement*, Paris, Editions de l'Atelier, 2013.
— *Le syndicalisme d'expérimentation*, Paris, PUF, 2007.
— *Nouvelles luttes de classes ?* (dir.), Paris, PUF, (avec Pierre Cours-Salies et Jean Lojkine), 2006.
— *Jeunes en entreprise publique*, Paris, Éditions La Dispute, 2005.
— *Les mobilisations collectives. Une controverse sociologique* (dir.), Paris, PUF, 2003 (avec Pierre Cours-Salies).
— *Médias et luttes sociales* (dir.), Paris, Les Éditions de l'Atelier, 2003 (avec Françoise Duchesne).
— *Refaire la politique* (dir.), Paris, Éditions Syllepse, coll. « Utopie critique », 2002 (avec Tony Andréani).
— *Le droit à l'énergie. Modernité d'une exigence démocratique* (dir.), Paris, Éditions Syllepse, 2002 (avec Olivier Frachon).
— *Le capitalisme post-moderne. Éléments pour une critique sociologique*, Paris, PUF, 2001.
— *Travail salarié et conflit social* (dir.), Paris, PUF, 1999.
— *Le mouvement social en France. Essai de sociologie politique*, Paris, La Dispute, 1998 (avec Sophie Béroud et René Mouriaux).
— *Faire mouvement. Novembre-décembre 1995* (dir.), Paris, PUF, 1998 (avec Claude Leneveu).
— *Marx après les marxismes*. Tome 1 : *Marx à la question* (dir.), Tome 2 : *Marx au futur* (dir.), Paris, L'Harmattan, 1997, (avec Jean-Marie Vincent).

5-7, rue de l'Ecole-Polytechnique, 75005 Paris
http://www.editions-harmattan.fr
ISBN : 978-2-336-42835-2
EAN : 9782336428352

Avant-propos

Nous présentons dans cet ouvrage des matériaux de recherche sur les processus de l'ouverture à la concurrence du marché européen de l'électricité et leurs conséquences profondes et durables sur le fonctionnement de nos sociétés modernes. L'analyse critique porte sur les fondements, les étapes et l'impact de cette politique d'inspiration néolibérale qui déstabilise le service public de l'électricité en France et change la donne dans la construction d'une Europe électrique intégrée.

La « libéralisation » du marché de l'électricité s'inscrit dans un vaste mouvement de dérégulation et de privatisation des industries de réseaux (télécommunications, services postaux, transports aérien et ferroviaire), lancé dès le milieu des années 1980. L'Union européenne a joué un rôle primordial dans la refonte des systèmes énergétiques nationaux en imposant le principe de concurrence comme référent quasi universel permettant une allocation optimale des ressources. De la Communauté européenne du charbon et de l'acier (CECA), fondée sur le traité de Paris en 1951, jusqu'au Pacte vert pour l'Europe proposé par la Commission en décembre 2019 afin de rendre l'Europe « climatiquement neutre » à l'horizon de 2050, la politique énergétique est une des composantes originelles de la construction européenne. L'ouverture à la concurrence de l'électricité (et du gaz) s'est réalisée par étapes, à travers des directives adoptées par le Parlement européen et transposées dans le droit national de chaque pays membre.

À ce propos, il est significatif que l'abolition des monopoles nationaux en électricité, dans les pays où ils existaient de droit ou de fait, annule également les limitations d'intervention des opérateurs historiques et rend possible une diversification de l'offre de services annexes, au-delà de la fourniture d'énergie. Ce bouleversement, qui prend en France la forme d'une désintégration verticale du modèle EDF, fait partie d'une tendance de concentration capitalistique à un niveau supranational, avec la consolidation d'oligopoles européens qui dominent les marchés de l'électricité. Loin d'être terminé, ce mouvement est toujours à l'œuvre comme l'illustrent les absorptions et les fusions-acquisitions d'entreprises qui se déroulent sous nos yeux.

Le dispositif méthodologique de l'étude comporte deux types de matériaux. D'une part, un tour d'horizon de publications disponibles liées aux différentes dimensions de l'objet de l'investigation : cadre juridique et politique de la libéralisation en Europe, impact sur la structuration de l'offre et la formation des prix, logiques de commercialisation et de segmentation de la clientèle, évolutions observées dans les marchés de l'électricité et émergence de fournisseurs alternatifs, effets prolongés sur le service public et enjeux de la transition énergétique. Cette documentation qui couvre de multiples supports permet une compréhension du processus global de libéralisation de l'électricité et des répercussions qui en découlent. D'autre part, la réalisation d'une série d'entretiens qualitatifs menés au cours de la dernière décennie dans le cadre de travaux empiriques sur la modernisation du secteur des IEG (Industries Électriques et Gazières), et plus récemment, dans le cadre d'une recherche sur « la dérégulation du marché européen de l'électricité » (convention IRES/FO-Cadres, 2022) dont nous restituons ici les principaux enseignements.

Ce panorama des évolutions de la politique énergétique de la France dans le contexte du marché européen intégré ne peut être que partiel. La grille de lecture proposée se concentre sur l'analyse des stratégies et des pratiques de la libéralisation de l'électricité depuis trente ans et les conséquences, immédiates ou différées, qui en découlent pour les consommateurs, les entreprises et le service public. Le premier chapitre aborde les fondements politiques et idéologiques de la mise en concurrence à l'échelle européenne des services d'intérêt général. En entrant dans les coulisses de la dérégulation, on constate que la Commission est en première ligne d'une vaste opération de marchandisation des biens collectifs de base comme l'électricité et le gaz.

Le deuxième chapitre analyse la mise en place des dispositions législatives et règlementaires qui encadrent le marché européen de l'électricité et leur impact disruptif sur les fondamentaux du service public de l'énergie. Parmi les mesures qui jettent les bases d'un nouvel ordre juridico-marchand, la loi NOME (Nouvelle organisation du marché de l'électricité) représente un bond en avant significatif dans l'édification d'un marché « libéralisé » de l'énergie en France.

Le troisième chapitre étudie les rapports entre le système électrique français et la transition vers une économie bas carbone. La particularité très « capitalistique » de l'industrie électrique (lourds investissements initiaux et équipements ayant une durée de vie très longue) et la contrainte d'équilibrer instantanément l'électricité injectée et l'électricité soutirée posent de redoutables problèmes au marché dérégulé de l'énergie. La forte volatilité des marchés de gros de l'électricité, dont le prix est indexé sur le prix du gaz, conduit à des déficits structurels de production mettant à mal la régulation du système global. La désoptimisation de la production d'électricité entrave la marche vers une économie décarbonée et entraine des hausses brutales et massives de la facture d'électricité accentuant la précarité énergétique.

Le quatrième chapitre s'interroge sur le paysage des énergies renouvelables (EnR) primées par les politiques européennes et ses incidences dans le cadre de la transition énergétique. Entre leurre et réalité, la définition et les frontières du secteur des énergies renouvelables restent problématiques. Si leur déploiement maîtrisé est nécessaire pour favoriser un mix énergétique bas carbone et lutter contre le changement climatique, il comporte aussi plusieurs inconvénients qui sont ordinairement sous-estimés sous l'appellation générique d'énergies « vertes ». En particulier, la production d'électricité d'origine d'énergies renouvelables non pilotables, comme les éoliennes et les panneaux photovoltaïques, fait face à des problèmes structurels d'adaptation du système énergétique liés au caractère intermittent de ces énergies, induisant des coûts supplémentaires répercutés sur le prix de l'énergie.

Le dernier chapitre met en perspective les attitudes et les représentations des salariés en s'appuyant sur des témoignages recueillis auprès des agents commerciaux d'EDF. Le nouvel environnement concurrentiel est le lieu d'une vaste recomposition des identités au travail et des cultures de gestion des IEG, désormais placées sous le signe de la performance et de la conquête de la clientèle. La dégradation des possibilités de se projeter, même à courte échéance, est un élément crucial de la période actuelle. La vision brouillée de l'avenir n'épargne personne. Les fermetures de sites et les réductions d'effectifs qui les accompagnent sont souvent envisagées comme des préliminaires d'un mouvement de liquidation générale. Tout cela conforte l'idée d'un tournant qui place les entreprises et les salariés de l'énergie dans une situation inédite.

En posant les grands traits des changements affectant le secteur de l'électricité dans le cadre du marché européen, nous espérons que cet ouvrage puisse servir de support informé à l'interrogation et à la discussion sur l'avenir du droit à l'énergie, du service public et du système électrique dans la perspective d'une économie décarbonée.

Chapitre I
La dérégulation et son espace

Un bien public vital

L'électricité est un produit de première nécessité qui joue un rôle prépondérant dans tous les secteurs d'activité des sociétés modernes. Ses utilisations domestiques, urbaines ou industrielles, permettent de s'éclairer, de se chauffer, d'accéder aux informations et aux différents outils de communication. Sa consommation est tellement envahissante qu'elle se confond avec les façons ordinaires de vivre et d'agir. Son utilité est « évidente », « banale », « inconsciente » à tel point qu'on finit par oublier son existence même. On vit avec, mais on n'y pense guère, hormis en cas de privation ou de coupure. Indissociablement marchandise stratégique et service public, sa gestion dépend largement d'arbitrages politiques qui influent sur les choix de production et l'organisation des réseaux. Autant dire que l'alimentation électrique reste une des épines dorsales de nos sociétés développées, surtout à une période marquée par l'interférence de la révolution numérique et technologique et de la lutte contre le changement climatique.

En même temps, l'électricité est un précieux bien économique[1]. Elle constitue aussi bien une dépense contrainte qui simplifie et facilite la vie quotidienne des ménages qu'une ressource majeure au service du développement des entreprises. Sa production présuppose des investissements lourds à partir de différentes

1. Cf. Olivier Frachon, Michel Vakaloulis, *Le droit à l'énergie*, Paris, Éditions Syllepse, 2002.

technologies tandis que sa commercialisation repose sur une grande infrastructure de transport et de distribution pour parvenir à la consommation finale. En tant qu'énergie secondaire, l'électricité n'est pas directement disponible dans la nature, mais obtenue par la transformation d'une variété de sources énergétiques primaires (pétrole brut, charbon, gaz, rayonnement solaire, vent, etc.). Elle est pour ainsi dire un vecteur énergétique flexible.

Au vu de ses caractéristiques techniques, l'électricité est difficilement stockable à grande échelle et à des coûts abordables, du moins en l'état des technologies actuelles. Il faut produire le courant que l'on consomme et consommer ce que l'on produit à la seconde près. Et comme son utilisation varie fortement au cours de la journée et de l'année, il est indispensable de procéder à des ajustements afin de garantir un équilibre permanent entre quantité injectée dans le réseau et quantité prélevée. Vendue sur un réseau interconnecté à l'échelle européenne, l'électricité est relativement coûteuse à transporter sur de longues distances. Son acheminement s'effectue à travers un réseau de lignes à haute tension (HT) et à très haute tension (THT) depuis les centrales de production vers les points de connexion avec des réseaux de distribution (ou vers les gros consommateurs directement raccordés au réseau de transport). En tant que monopole naturel régulé, la gestion du transport d'électricité est assurée en France par RTE dont la mission fondamentale est de garantir à chaque instant un accès équitable au réseau d'électricité à l'ensemble des acteurs du marché.

Quant aux réseaux publics de distribution, qui sont la propriété des communes et gérés par des gestionnaires de réseau de distribution (GRD, dont Enedis qui dessert 95 % du territoire métropolitain continental), leur rôle consiste à acheminer l'électricité depuis les points de connexion avec le réseau de transport jusqu'aux sites de consommation finale. Le transport et la distribution d'électricité sont des activités régulées, conformément à la réglementation européenne en vigueur depuis la fin des années 1990. Ces activités sont rémunérées par le tarif d'utilisation des réseaux publics d'électricité (TURPE) qui est fixé par la Commission de régulation de l'énergie (CRE). Enfin, la commercialisation de l'électricité, ouverte à la concurrence pour l'ensemble des clients depuis le 1er juillet 2007, est une activité qui consiste à vendre de l'électricité et des services énergétiques aux consommateurs finals.

Un principe sanctuarisé

Contrairement à l'idée reçue, la libéralisation ne signifie ni diminution des contraintes règlementaires ni simplification du fonctionnement du système économique. Par-delà le mythe fondateur de la « concurrence libre et non faussée » censée aboutir à la suppression des monopoles et à la réduction des prix pour les consommateurs, elle s'appuie sur une succession d'arrangements institutionnels et de modes de coordination susceptibles de lever les obstacles qui empêchent le succès « spontané » du marché. Qui dit introduction à la concurrence, dit multiplication des acteurs économiques dont les intérêts et les objectifs divergents doivent *nécessairement* faire l'objet d'une régulation institutionnelle qui échappe aux règles sacro-saintes du marché. Il en résulte une intense activité normative qui se ramifie et se diversifie tout en devenant de plus en plus contraignante dans ses effets prescriptifs. L'interventionnisme de la soi-disant déréglementation engendre un nouveau cadre réglementaire qui finit par rigidifier les règles du jeu et complexifier le dispositif de régulation d'ensemble.

Dès le début des années 1990, le vent de la libéralisation s'est emparé des industries de réseaux. Le projet est radical puisqu'il vise à se débarrasser des monopoles publics, assimilés sommairement à autant de freins à l'innovation et à la compétitivité globale. Désormais, c'est le marché-providence qui se place au centre de la modernisation économique[2]. Les motifs de justification évoqués ne font guère de cas des spécificités du produit ou du service offert. Selon le schéma d'action et d'interprétation dominant, il est attendu que l'ouverture à la concurrence contribue à améliorer la qualité des biens et des services, à élargir les choix des consommateurs, à développer la productivité et l'esprit d'entreprise. Sans oublier les promesses récurrentes à offrir des tarifs plus avantageux que le marché régulé à tous les usagers, désormais rebaptisés « clients ». Bref, des perspectives alléchantes tous azimuts, des solutions vertueuses dans l'intérêt de tous.

Par un effet de propagation fulgurante, les croyances relatives aux vertus de la libéralisation ont conquis l'ensemble des acteurs du marché, y compris les états-majors des opérateurs historiques qui se sont aussitôt engouffrés dans les créneaux de la dérégulation. L'idée directrice était d'appliquer partout les mêmes principes concurrentiels, en séparant notamment les activités d'infrastructure, assimilées à un monopole naturel, et les activités de production et de commercialisation, quant à elles soumises à la libre concurrence.

Les offensives de la déréglementation procèdent d'un intense foisonnement législatif dont les conséquences sont d'autant plus difficiles à évaluer qu'elles induisent des

---

2. « Les services publics qui ont été déréglementés ont la particularité d'être des services publics en réseaux gérés, au moins pour la France, par des entreprises publiques. Ces réseaux sont des "monopoles naturels" ou des "monopoles de fait" et ne peuvent être, en général, aisément dupliqués sauf à des coûts prohibitifs pour la collectivité et au prix d'un gaspillage collectif. » (Jacky Chorin, « Europe, marché intérieur et services publics. Des principes à la réalité », *Revue de l'IRES*, n° 43, 2003/3)

déstabilisations en chaîne sur le moyen et le long terme. Comment expliquer un tel bouleversement ? Il y a d'abord un contexte historique structurant marqué par l'essor du néolibéralisme, la chute du mur de Berlin et l'épuisement du modèle social-démocrate de « compromis social ». Ces trois déterminants majeurs de la période interfèrent sans cesse et s'alimentent réciproquement. La victoire de Margaret Thatcher qui mène les conservateurs au pouvoir en 1979 et reste à la fonction de Premier ministre du Royaume-Uni jusqu'en 1990, puis l'élection pour deux mandats successifs de Ronald Reagan à la présidence des États-Unis (1981-1989) inaugurent l'ère de la mondialisation néolibérale.

Cette percée spectaculaire consacre un projet hégémonique, indissociablement idéologique et politique, qui consiste à désengager l'État de la gestion directe de l'activité économique et à créer un cadre légal favorable au marché. Il s'agit de remplacer l'État-providence par le Marché-providence, les politiques régulationnistes des Trente Glorieuses par la philosophie spontanée du milieu des affaires financiarisées (*free-marketeers*[3]), le réformisme keynésien par l'instauration de l'insécurité sociale considérée comme stimulant *par excellence* de la performance économique. L'effondrement des régimes des pays de l'Est et l'épuisement historique et programmatique de la social-démocratie, incapable de répondre aux exigences démocratiques et aux demandes économiques des couches populaires, complètent le tableau et finissent par donner l'impression que la suprématie du paradigme néolibéral à l'échelle globale est assurée pour longtemps. Les théories de la « fin de l'histoire »[4] sont la projection eschatologique de cette vision triomphante du monde.

---

3. Libre-échangistes.

4. Cf. Francis Fukuyama, *La fin de l'histoire et le dernier homme*, Paris, Champs Flammarion, 1993 (première édition anglaise en 1992).

À l'assaut de l'Europe

Une nouvelle orthodoxie voit le jour. Impulsée et coordonnée par la gouvernance bruxelloise, la montée en puissance des orientations néolibérales marque un tournant majeur dans l'intégration européenne. L'adoption de l'Acte unique (1986) qui vise à instaurer un espace européen sans frontières, l'achèvement du grand marché européen (dont l'échéance est fixée le 1er janvier 1993), le traité de Maastricht (1992), le passage à la monnaie unique (lancement de l'euro le 1er janvier 1999 qui sera utilisé pendant les trois premières années uniquement à de fins comptables et pour les paiements électroniques), les élargissements successifs de l'Europe constituent autant de jalons d'un mouvement institutionnel de fond qui s'empare de tous les domaines de la vie sociale.

Par contraste avec la période précédente où coexistait une diversité d'approches en matière de missions, de moyens et de statuts des services publics, la nouvelle orthodoxie de la « déréglementation » instrumentalise le droit à la concurrence pour privatiser les normes sociales et diminuer le rôle régulateur de l'État dans la production des biens collectifs. Face à la supériorité supposée du marché, la privatisation des entreprises publiques s'impose comme une nécessité à la fois pour en finir avec les lenteurs et les incompétences de la « gestion administrée » et pour accélérer la mobilité et la rentabilité du capital.

Sur ce point, le cas des télécommunications est très révélateur parce qu'il a servi de banc d'essai à la libéralisation des services publics européens. En fait, l'ouverture du marché français de la téléphonie mobile date de 1987 tandis que la décision européenne de généraliser la concurrence sur tous les services de télécommunications à compter du 1er janvier 1998 remonte à 1993. Il n'est pas inutile de rappeler qu'à la différence de l'électricité, la libéralisation du secteur des télécommunications se déroule dans un contexte de fort progrès technique et technologique lié à la révolution des transmissions (téléphonie portable, Internet, émergence du commerce électronique, etc.). Les avantages de la concurrence, réels ou supposés, sont mis en exergue par les autorités publiques[5] et les grands opérateurs de ce secteur : fortes baisses tarifaires sur la téléphonie fixe et mobile, développement des services à l'abonné, diversification des usages, diminution des coûts pour les entreprises, stimulation de l'innovation, création de nouveaux emplois directs ou acclimatation d'un nouveau mode de régulation à travers la création de l'Autorité de régulation des télécommunications (ART)[6].

Une dépossession consentie

La Commission européenne est le promoteur majeur d'une opération radicale d'européanisation des services publics, par-delà l'hétérogénéité des situations historiques et des enjeux sociaux et territoriaux propres à chaque pays. Cette opération d'envergure passe par la désintégration des opérateurs historiques, la banalisation de leurs régimes de propriété et de leurs missions publiques, la remise en cause des garanties fondamentales des salariés. Et surtout, elle implique le développement de stratégies offensives tous azimuts en vue de conquérir des « parts de marché » et de profiter des opportunités de la libéralisation (ou de compenser des pertes au niveau du marché intérieur).

---

5. Cf. Pierre Hérisson, « Rapport d'information fait au nom de la commission des Affaires économiques et du Plan et du groupe d'étude “Poste et télécommunications” sur le bilan de la loi n° 96-659 de réglementation des télécommunications », Sénat, 26 mars 2002.
6. L'ART, créée le 5 janvier 1997, est devenue ensuite ARCEP (Autorité de régulation des communications électroniques, des postes et de la distribution de la presse). Elle a servi de modèle à la création de la Commission de régulation de l'énergie, créée le 24 mars 2000.

L'engouement des grands opérateurs pour l'expansion internationale est l'un des traits marquants de cette période charnière, comme l'illustre le développement des activités d'EDF à l'étranger[7]. En parallèle, l'exigence de réciprocité dans l'ouverture à la concurrence des services publics qui s'impose pour tous les pays européens pousse à prendre les devants et à accélérer la séparation patrimoniale du réseau et de la production, ou à défaut, à s'empresser d'organiser l'accès équitable et transparent des tiers au réseau. Mais ce processus inédit de marchandisation généralisée de l'espace public ne saurait s'enraciner et s'amplifier sans la volonté, ferme et revendiquée, des dirigeants politiques européens.

Gauche de gouvernement et pragmatisme de marché

Il est caractéristique de constater le revirement politique de la gauche gouvernementale dirigée par le Premier ministre Lionel Jospin (1997-2002) qui abandonne le fameux « Ni-ni » mitterrandien[8] pour se lancer dans un vaste programme de privatisations au sens large du terme. Ce programme de désengagement électoral qui frappe par sa rapidité combine notamment le changement de statut, l'ouverture de capital et de cessions partielles ou totales du

7. « De 1995 à 2002, dans le contexte de la restructuration et de la privatisation des systèmes électriques dans les pays du Sud ("Consensus de Washington"), EDF s'est engagée dans une phase de croissance intense à l'étranger, essentiellement par des prises de participation, financées selon un principe d'enveloppe disponible. La part du chiffre d'affaires d'EDF réalisé à l'étranger est ainsi passée de 8,9 % en 1994 à près de 40 % en 2002, alors que les exportations d'électricité au cours de la même période restaient stables. » (Cour des comptes, « La stratégie internationale d'EDF », Rapport particulier, novembre 2015).

8. « Ni nationalisations ni privatisations », formule politique employée par François Mitterrand après sa réélection à la présidence de la République en 1988 qui gèle momentanément la doctrine socialiste sur l'évolution du régime de propriété du secteur public.

capital d'entreprises publiques. Hormis la contrainte verticale exercée par la Commission dans le contexte de la libéralisation des marchés européens, d'autres considérations ont été mises en avant pour justifier cet *aggiornamento* politique en demi-teinte. Il s'agissait notamment de répondre aux attentes de réciprocité des entreprises européennes prises dans les jeux de l'expansion internationale ou de nouer des alliances stratégiques avec d'autres partenaires afin de réduire les risques et d'optimiser le développement économique.

Convertie aux vertus de la gestion « pragmatique » et « responsable », moyennant quelques correctifs et aménagements de principe, la gauche plurielle au pouvoir achève le travail de « modernisation » de l'économie commencé par la droite libérale. Malgré son opposition à la transformation du statut de France Télécom en société anonyme à majorité d'État par la loi du 26 juillet 1996 (la loi dite « Fillon »)[9], c'est le gouvernement de Lionel Jospin qui mettra France Télécom sur le marché en cédant le tiers des actifs de l'opérateur (mise en bourse de 21 % et de 13 % du capital respectivement en octobre 1997 et en novembre 1998). De même, il ouvrira le capital de plusieurs entreprises emblématiques (Air France, Autoroutes du Sud de la France, Thomson Multimédia, Aérospatiale, Crédit Lyonnais, CNP Assurances, etc.) en réalisant des recettes issues des privatisations qui sont estimées à 31 milliards

9. En 1996, l'opposition de gauche avait déposé une motion de censure dont le premier signataire était Laurent Fabius. Les signataires de cette motion considéraient que « le changement de statut de France Télécom conduirait cette entreprise à la privatisation au détriment des usagers, fragiliserait son avance technologique et sa capacité industrielle, compromettrait l'emploi de ses salariés et négligerait dangereusement ses missions de service public. » (Cf. Gérard Larcher, « Le bilan de la loi n° 96-660 relative à l'entreprise nationale France Télécom », Rapport d'information de la commission des affaires économiques du Sénat, 26 mars 2002)

d'euros[10]. Ce genre de volte-face n'a pas eu de cesse de susciter des réactions contrastées, « lâcheté » et « opportunisme » pour certains, « maturation » et « responsabilisation » pour d'autres. En tout état de cause, il est symptomatique de la crise identitaire d'une gauche modernisatrice en perte de repères, de projet et de crédit politique.

L'alignement du gouvernement français sur les conclusions du sommet de Lisbonne (23-24 mars 2000) est emblématique. Réunis sous l'égide d'António Guterres, Premier ministre portugais et Président de l'Internationale socialiste, les chefs de gouvernements européens fixent clairement le cap vers l'accélération des réformes structurelles visant à supprimer les obstacles qui entravent l'« Europe compétitive » et à tirer pleinement parti des avantages de la libéralisation des marchés. Au moment où onze pays sur quinze de l'Union européenne sont dirigés par des formations politiques de centre gauche, le Conseil européen de Lisbonne entend conduire une unification globale des politiques nationales, notamment dans des domaines qui traditionnellement relèvent de la compétence des États membres et échappent ou résistent aux contraintes communautaires.

Ce projet ambitieux fait appel aux outils de la « nouvelle gestion publique » (*New public management*), elle-même indexée sur les techniques de la gouvernance d'entreprise dont le *benchmarking* représente l'un des principaux

10. À titre de comparaison, le gouvernement de Lionel Jospin a plus privatisé que les gouvernements d'Édouard Balladur et d'Alain Juppé (22 milliards d'euros entre 1993 et 1997), les gouvernements de François Fillon (8 milliards d'euros entre 2007 et 2012) ou les gouvernements de Jean-Marc Ayrault, d'Emmanuel Valls et de Bernard Cazeneuve (8 milliards d'euros entre 2012 et 2017). Ce sont les gouvernements de Jean-Pierre Raffarin et de Dominique de Villepin qui détiennent le palmarès de l'argent des privatisations (38 milliards d'euros entre 2002 et 2007).

leviers. Une méthode ouverte de coordination (MOC), à caractère incitatif plutôt que contraignant, est inaugurée pour renforcer l'efficacité et la légitimité de la construction européenne confrontée à de nouveaux enjeux socio-économiques et institutionnels. Il s'agit d'un dispositif de pression politique exercée par les pairs qui fonctionne à l'émulation et à la surveillance multilatérale et engage les gouvernants à valoriser leurs performances nationales dans le cadre d'une gestion quantifiée par objectifs.

Conclusions de la présidence du Sommet européen de Lisbonne (2000)

« Il importe de mener rapidement les travaux nécessaires pour achever le marché intérieur dans certains secteurs et pour améliorer les résultats insuffisants dans d'autres afin de préserver les intérêts des entreprises et des consommateurs. [...]

Il est en outre essentiel, pour que les entreprises puissent prospérer et travailler de manière efficace et sur un pied d'égalité dans le marché intérieur, que les règles en matière de concurrence et d'aides d'État soient équitables et appliquées de manière uniforme. Le Conseil européen demande à la Commission, au Conseil et aux États membres, eu égard à leurs compétences respectives : de définir d'ici à la fin de 2000 une stratégie pour l'élimination des entraves aux services ; d'accélérer la libéralisation dans des secteurs tels que le gaz, l'électricité, les services postaux et les transports. [...]

De poursuivre leurs efforts visant à favoriser la concurrence et à réduire le niveau général des aides d'État, en mettant l'accent, non plus sur un soutien à des sociétés ou à des secteurs individuels, mais plutôt sur la poursuite d'objectifs horizontaux d'intérêt communautaire, tels que l'emploi, le développement régional, l'environnement et la formation ou la recherche. »

En ce sens, la stratégie de Lisbonne constitue une « révolution silencieuse » dont les effets différés ne se font sentir que graduellement[11]. La transition vers le nouveau modèle concurrentiel sera lente, inévitablement entravée par les pratiques héritées du passé et freinée par les oppositions politiques et syndicales manifestées. Les gouvernements n'ont pas toute latitude pour accélérer le mouvement de libéralisation, ils sont contraints de tenir compte des équilibres fondamentaux de la société. Mais désormais le cap est tracé. Dans le sillage de l'ouverture effective à la concurrence des télécommunications, puis des transports aériens, le secteur de l'énergie entre à son tour dans le processus de libéralisation des marchés de l'électricité et du gaz, avec le concours des institutions européennes.

La Commission dans le miroir du droit

En mandatant la Commission européenne d'intervenir sur la structure même du marché de l'électricité, le sommet de Lisbonne lui confère non seulement la possibilité de superviser la mise en œuvre et le respect des règles de la concurrence par les États membres, domaine dans lequel elle dispose déjà des prérogatives exécutives importantes en vertu des traités, mais aussi, le pouvoir d'orientation et de proposition en matière de déréglementation. Un pouvoir redoutable compte tenu de sa vision intrinsèquement politique de la concurrence considérée comme étant l'optimum économique.

Promue par les experts et les hauts fonctionnaires de Bruxelles et partagée par les élites dirigeantes européennes, cette doctrine institutionnelle intrinsèque de la Commission n'admet aucune remise en cause possible. Il n'est guère

---

11. Cf. Isabelle Bruno, « La stratégie de Lisbonne : une révolution silencieuse », *Savoir/Agir*, 2008/3, n° 5.

étonnant de constater que Bruxelles n'a jamais lancé une analyse évaluative globale des actes juridiques de déréglementation initiés. Le consensus autour de l'idée de concurrence est un registre discursif qui lisse les contradictions du réel et apaise les incertitudes et les inquiétudes sociales. En ce sens, il est à la fois normatif et incitatif, prescriptif et performatif.

Au début des années 2000, l'affaire semble entendue : la mise en place d'un « marché intérieur sans entraves » est la voie à privilégier pour relancer l'intégration européenne qui piétine. Tout devient soluble dans le marché dont les vertus autorégulatrices se suffiraient à elles-mêmes. L'objectif est la mobilisation efficiente des ressources par une pression concurrentielle sur les prix. Dérégulation, le maître-mot. Démantèlement des champions nationaux, dont EDF, désormais mis dans le collimateur du régulateur européen du fait même de sa position monopolistique et de son caractère intégré sur toute la chaîne de valeur ajoutée (production, commercialisation, transport et distribution).

D'où l'impératif de renforcer, d'amplifier à de nouveaux secteurs et d'harmoniser les règles d'organisation de la concurrence dans les différents pays. En revanche, toute intervention directe des pouvoirs publics nationaux dans les dispositifs des marchés dérégulés est regardée avec beaucoup de suspicion, voire avec une hostilité de principe. Il est d'ailleurs important de signaler l'absence d'un socle minimal de clauses protectrices pour se défendre contre les effets pervers de la concurrence[12]. Manifestement, l'harmonisation sociale est le « hors-champ » de l'ouverture des marchés.

Dans les faits, la Commission européenne joue un rôle pivot dans la mise en agenda et la construction de politiques en faveur du projet de marché unique en Europe. Elle est la

12. Cf. Jacky Chorin, « Europe, marché intérieur et services publics. Des principes à la réalité », *Revue de l'IRES*, n° 43, 2003/3.

seule institution de l'Union européenne habilitée à présenter des actes juridiques sous forme de directives, de règlements de décisions, d'avis ou de recommandations[13], qui sont ensuite transmis au législateur (simultanément au Conseil et au Parlement européen) dans le cadre d'une codécision. Si, de prime abord, son pouvoir décisionnaire formel est limité, son rôle de « gardienne des traités », avec la possibilité de saisir la Cour de justice de l'Union européenne et de sanctionner les États en infraction des règles communes, ainsi que sa fonction d'organe exécutif de l'Union européenne mettant en œuvre les actes législatifs adoptés par le Parlement européen et le Conseil, lui donnent un vrai pouvoir pour peser sur les décisions. Bref, la Commission joue un rôle institutionnel de premier plan pour harmoniser et libéraliser le marché intérieur européen dont il est l'inlassable initiateur et architecte.

13. Certains domaines échappent à ce monopole de l'initiative législative de la Commission, à l'instar de la politique étrangère et de la sécurité commune, de la politique monétaire, de la justice ou des affaires intérieures. En revanche, le commerce extérieur relève pour l'essentiel des compétences de la Commission qui représente l'Union européenne durant les négociations pour la conclusion d'accords avec des pays tiers ou des organisations internationales.

Chapitre II
L'énergie à l'épreuve du marché

Le service public à la française

Lors de la création de la Communauté économique européenne (CEE) par le traité de Rome du 25 mars 1957, les secteurs de l'électricité et du gaz sont en dehors de la juridiction du marché. La réglementation et l'organisation de ces services relèvent de la responsabilité exclusive des États membres. Par ailleurs, le droit communautaire stipule clairement la neutralité à l'égard du statut public ou privé des entreprises[14]. Dans les premières étapes de la construction européenne, il existe une diversité structurelle de modèles nationaux d'organisation des systèmes électriques conformément à la situation géographique, au patrimoine énergétique national, aux circonstances géopolitiques, à l'histoire des institutions politiques ou aux traditions industrielles et techniques. C'est la conjonction de tous ces facteurs qui détermine les caractéristiques essentielles du secteur de l'électricité de chaque pays[15].

Jusqu'à la fin des années 1980, l'organisation du système électrique dans la plupart des pays européens se présente de manière fragmentée et décentralisée. L'Allemagne est l'archétype de ce modèle d'industrie électrique. Elle se distingue par une pluralité de sources primaires d'approvisionnement dans son mix énergétique, avec une prépondérance du charbon (houille et surtout

---

14. « Le présent traité ne préjuge en rien le régime de la propriété dans les États membres. » (Article 295 [ex-article 222] du Traité de Rome)
15. Cf. Jean-Paul Bouttes, François Dassa, *L'Europe de l'électricité. Une perspective historique*, Études de l'Ifri, Ifri, 2016.

lignite) dont elle était depuis longtemps la principale extractrice d'Europe continentale. Les investissements en énergie proviennent, pour l'essentiel, de conglomérats industriels suprarégionaux cherchant à intégrer leur production (RWE, EON, EnBW, Vattenfall...) et des fournisseurs d'énergie régionaux (*Stadtwerke*[16]) qui constituent le deuxième pilier de la politique énergétique allemande. Historiquement, le marché allemand de l'électricité ne connaît pas de monopole, mais dispose de plusieurs producteurs, opérateurs de transports ou distributeurs. Toutefois, on observe assez tôt un large mouvement de restructurations chez les principaux électriciens allemands pour anticiper et s'adapter à l'ouverture progressive du marché européen[17].

Code de l'énergie (Article L121-1)

« Le service public de l'électricité a pour objet de garantir, dans le respect de l'intérêt général, l'approvisionnement en électricité sur l'ensemble du territoire national.

Dans le cadre de la politique énergétique, il contribue à l'indépendance et à la sécurité d'approvisionnement, à la qualité de l'air et à la lutte contre l'effet de serre, à la gestion optimale et au développement des ressources nationales, à la maîtrise de

---

16. Les *Stadtwerke* (littéralement « ateliers municipaux ») sont des entreprises communales de statut public ou mixte qui fournissent de services d'intérêt général dans la vie locale en matière de chauffage urbain, de distribution d'eau, de transports, de collecte et de traitement des déchets ménagers, etc. Elles sont gérées par une ou plusieurs municipalités et prennent part aussi à la production, l'approvisionnement et la distribution de l'énergie dans le domaine de leur administration.

17. Cf. Herni Courivaud, « Le secteur de l'électricité à l'heure de la libéralisation », dans Isabelle Bourgeois (dir.), *Allemagne 2001 : Regards sur une économie en mutation*, Cergy Pointoise, CIRAC, 2001.

la demande d'énergie, à la compétitivité de l'activité économique et à la maîtrise des choix technologiques d'avenir, comme à l'utilisation rationnelle de l'énergie.

Il concourt à la cohésion sociale, à la lutte contre les exclusions, au développement équilibré du territoire, dans le respect de l'environnement, à la recherche et au progrès technologique, ainsi qu'à la défense et à la sécurité publique.

Matérialisant le droit de tous à l'électricité, produit de première nécessité, le service public de l'électricité est géré dans le respect des principes d'égalité, de continuité et d'adaptabilité et dans les meilleures conditions de sécurité, de qualité, de coûts, de prix et d'efficacité économique, sociale et énergétique. »

La France se situe en contrepied du système allemand. Son système électrique est centralisé avec un opérateur national dominant issu de la nationalisation de quelque 1 400 compagnies d'électricité et de gaz par la loi du 8 avril 1946 donnant naissance à Électricité de France (EDF) et Gaz de France (GDF). Son modèle intégré de service public se démarque du modèle anglo-saxon de *public utilities* qui est centré sur une approche pragmatique de simple fourniture de services déterminés aux consommateurs finals sans recourir forcément à l'intervention publique.

Face à cette approche utilitariste, et sans doute minimaliste par rapport à la satisfaction d'objectifs sociaux et environnementaux additionnels, la notion de service public « à la française » est bien plus riche et complexe[18]. Elle articule notamment trois éléments concomitants : le régime de propriété de l'opérateur (monopole sous tutelle publique), le service rendu au public (accessibilité universelle, efficacité économique et sociale) et l'imaginaire républicain (référence à des valeurs d'égalité

18. Cf. Emmanuel Brillet, « Le service public "à la française" : un mythe national au prisme de l'Europe », *Alternatives économiques*, n° 24, 2004/4.

et de citoyenneté). Les missions que le service public de l'électricité remplit en continu sur l'ensemble du territoire national sont d'une importance fondamentale pour les collectivités locales, les clients industriels et particuliers, la cohésion et le développement du pays. Concrètement, on peut distinguer plusieurs fonctions opérationnelles dont la pérennité est actuellement mise à rude épreuve par le processus européen de libéralisation de l'énergie[19].

Un service universel de qualité

Fournir l'électricité sur l'ensemble du territoire est primordial, encore faut-il le faire dans de bonnes conditions d'accessibilité et avec la volonté de garantir une qualité identique pour tous les usagers. La notion de qualité renvoie d'emblée à des éléments techniques, comme la fourniture d'un courant de tension constante, sans micro-coupures, mais elle met aussi en jeu des compétences professionnelles, des disponibilités humaines, des aptitudes organisationnelles. Approvisionner, diagnostiquer, dépanner, réparer, conseiller, consulter, prévenir, sécuriser, anticiper sont des modes d'action qui engagent la responsabilité de l'opérateur public à servir l'intérêt collectif. Intervenir et réparer rapidement, garantir le rétablissement du courant dans les meilleurs délais en cas de coupure est un autre aspect de la qualité du service public.

La péréquation tarifaire

Aux missions d'un service public de qualité et d'une uniformité de traitement des usagers s'ajoute une autre

19. Cf. Michel Vakaloulis, *Les élus territoriaux et le service public de l'électricité*, Conseil supérieur consultatif des CMP d'EDF-GDF, Paris, 2004.

exigence : un coût identique pour tout consommateur, indépendamment de l'endroit où il se situe géographiquement. Que l'on soit au fin fond de la Lozère ou des Pyrénées, en banlieue toulousaine ou parisienne, le prix de l'électricité ne varie pas. L'usager ne paie pas en fonction de la distance par rapport au lieu de production, mais en fonction de sa consommation et sur la base d'un tarif unitaire. La péréquation sociale et géographique est une manifestation concrète du primat de la solidarité nationale sur la rentabilité économique *stricto sensu.* L'électricité est donc un bien de service public qui doit arriver partout, même si cela coûte cher.

Un partenariat du développement local

Participer au développement économique et social des communes est une mission fondatrice du service public de l'électricité. Cette contribution se manifeste sous des formes diverses : aide technique ou financière, participation à la mise en valeur des territoires, soutien à l'installation d'entreprises et à la création d'emplois locaux, politique partenariale de l'opérateur public avec les acteurs associatifs et sociaux, protection de l'environnement et sécurisation des personnes et des installations, préservation des paysages naturels, etc. Toutes ces tâches constituent des marqueurs identitaires du service public de l'électricité.

Une démarche solidaire

La solidarité à l'égard des populations défavorisées apparaît comme une mission importante de l'entreprise publique. Lutter contre la précarité énergétique, informer le public pour mieux maîtriser la consommation d'électricité, tisser des liens de proximité avec les habitants sont des éléments constitutifs d'une politique de justice sociale et de cohésion territoriale. En particulier, les mesures d'aide aux impayés d'énergie qui permettent d'étaler le règlement des factures (ou de les alléger), et surtout, d'éviter les coupures brutales, représentent une forme emblématique du droit à l'énergie[20].

Désenclaver les territoires ruraux

La hantise du monde rural est d'être « laissé-pour-compte », le regard restant pointé sur la courbe démographique déclinante et le retard qui se creuse avec la modernité urbaine. Le repli des services publics traditionnels vers des niches d'activité plus « rentables », mais aussi le manque de moyens pour accéder de plain-pied aux standards de la vie moderne accréditent l'idée d'une régression. D'où le fort « syndrome d'abandon » et une sensibilisation extrême à chaque remise en cause des frontières du service public sur le territoire rural. Symboliquement, les missions du service public représentent la garantie d'un rééquilibrage territorial, l'espoir de s'accrocher aux wagons de la modernité, l'ambition de persévérer dans ses particularités locales en faisant de la ruralité un vecteur d'accès aux acquis fondamentaux du progrès au même titre que l'urbanité. Il en va de même en matière d'accès aux nouvelles technologies : les campagnes ne sauraient être le parent pauvre du progrès technologique. En somme, le monde rural revendique son « droit à la connexion » aux normes de la société actuelle. Une connexion qu'il ambitionne « à haut débit ». Précisément, le droit à l'énergie, c'est-à-dire le droit à un service public de l'électricité efficace, universel, solidaire, sans faille, est un vecteur principal de cette modernisation.

---

20. Cf. Olivier Frachon, Michel Vakaloulis, *op. cit.*

Entre promesses et désillusions

Les politiques de libéralisation placent dans la ligne de mire les fondamentaux du service public de l'électricité. Deux séries d'attaques critiques se conjuguent et se renforcent mutuellement. D'une part, la régulation « administrée » du secteur électrique est suspectée de partialité et d'inefficacité dans l'allocation des ressources et la promotion de l'innovation. Prise sous l'influence d'un nombre limité d'acteurs économiques et de groupes institutionnels qui « verrouillent » la concurrence et reconduisent les positions acquises, elle apparaît de plus en plus instable et inconsistante. L'action de l'État « planificateur » qui programme les investissements et fixe les tarifs se retrouve en proie à des intérêts corporatistes, à des conservatismes gestionnaires, à des clientélismes politiques de toute sorte.

D'où une opération accélérée de remise à plat du système qui se préparait déjà en coulisses sous le nom feutré de « libéralisation ». Les industries de l'énergie doivent fonctionner comme les autres secteurs industriels. Cette évolution s'inscrit dans un mouvement général de délégitimation des politiques keynésiennes-fordistes de l'après-guerre et de remarchandisation aussi bien des fonctions « providentielles » de l'État (protection sociale, systèmes de santé, retraites) que des fonctions qui incarnent son rôle d'acteur économique et industriel (télécommunications, transports, distribution d'eau, énergie). L'objectif est de faire du marché la norme par excellence régissant les rapports de production, de distribution et de consommation. La séparation des activités de production-fourniture, désormais banalisées et considérées comme des marchandises monnayables et échangeables, et des activités de gestion des réseaux de transport et de distribution, qui conservent leur statut de

« monopole naturel », est l'une des pièces maîtresses de l'ouverture à la concurrence de l'électricité.

D'autre part, le pouvoir régulateur du secteur de l'énergie se déplace de l'État centralisé et hiérarchisé (gouvernement, ministères, etc.) vers des autorités administratives indépendantes. Inspirée du modèle anglo-saxon de la dérégulation, la Commission de régulation de l'énergie (CRE) est chargée de garantir le bon fonctionnement du marché au profit du consommateur domestique ou industriel et d'assurer la sécurité de l'approvisionnement. Elle doit être un régulateur « impartial » et ne pas favoriser certains opérateurs aux dépens d'autres. L'idée sous-jacente est que l'émergence de la concurrence, loin de constituer un processus spontané, doit être construite, accompagnée et surveillée constamment par une « agence » spécialisée, distincte des autres pouvoirs publics. Il s'agit de « forcer » l'organisation économique pour favoriser les nouveaux entrants et renforcer la dynamique concurrentielle.

À cela s'ajoute un autre motif de légitimation, notamment le besoin de s'inscrire dans la durée et de défendre une action politique constante au lieu d'être soumis à des calculs électoraux et à des revirements conjoncturels propres aux acteurs politiques traditionnels. Une agence « indépendante », détachée des services centralisés de l'État, est censée échapper aux « incohérences temporelles » du politique pour mieux se consacrer à la conduite experte et durable du secteur de l'énergie.

La politique énergétique est sans doute un sujet extrêmement partagé et disputé entre les pouvoirs publics nationaux, les collectivités locales, les gestionnaires de réseaux, les différents producteurs et fournisseurs, et surtout, l'Europe. Et comme dans ce système complexe aucun acteur n'est tout-puissant, tout le monde s'efforce de jouer des coudes. De son côté, la CRE exerce à la fois un pouvoir réglementaire en tant que régulateur des marchés et des réseaux d'électricité et des infrastructures de gaz, mais également, un pouvoir d'influence à forte valeur incitative et pédagogique pour peser sur la construction des décisions en matière énergétique.

Pour être une autorité de régulation qui revendique son autonomie fonctionnelle et décisionnelle par rapport aux ordres du pouvoir exécutif et aux stratégies des opérateurs, la CRE n'est pas pour autant une institution « neutre ». Au contraire, elle est profondément marquée par l'adhésion au marché et la vision néolibérale de la construction européenne. Son engagement constant et total en faveur d'une « économie de la concurrence » vise à lever les freins à la libéralisation de l'énergie en faisant évoluer la logique, la gouvernance et le mode de fonctionnement du système français jugé « trop colbertiste ». Il est symptomatique que la réussite de l'ouverture du marché de l'électricité est jaugée à l'aune de la hausse des parts de marché des concurrents d'EDF. Il faut que les consommateurs puissent choisir leur « fournisseur alternatif », même s'ils ne sont pas enclins à exercer ce « droit » à la concurrence ou s'ils ne sont pas en mesure d'en retirer un avantage.

L'indépendance même de la CRE est sujette à caution si l'on considère les propriétés sociales de ses dirigeants et les liens étroits entretenus avec les élites politico-administratives en France et en Europe. En ce sens, la CRE accomplit un travail proprement « partisan » qui devance et interpelle le pouvoir exécutif pour « déverrouiller » le secteur de l'énergie et favoriser la percée de fournisseurs alternatifs aux dépens des opérateurs historiques et des missions corrélées de service public. Sa légitimité démocratique est en question.

Sur les rails néolibéraux

La libéralisation des marchés de l'énergie au sens large et des marchés d'électricité en particulier est un processus lent et graduel. Elle résulte de l'intrication de moult facteurs, conceptuels, politiques et juridiques, qui influent sur sa mise en œuvre[21]. Elle n'est pas linéaire, mais

21. « L'idée d'une ouverture à la concurrence des marchés de l'électricité naît aux États-Unis à la fin des années 1970. Le pays connaît alors des prix de l'électricité très contrastés entre États à cause de mix très différents et de l'influence des chocs pétroliers sur les coûts. La tradition des *Public Utilities Commissions* (les régulateurs locaux, en charge de fixer les tarifs de vente) de préserver les intérêts des clients domestiques a abouti, dans certains États, à des subventions croisées en défaveur des industriels qui ont pu amplifier ces contrastes. Dans ce contexte, les industriels localisés dans les États à prix élevés réclament avec force la possibilité de s'approvisionner auprès du fournisseur de leur choix dans les États à bas coût de l'électricité. Ils demandent de mettre en œuvre les principes de l'ouverture à la concurrence du marché de l'électricité et de l'Accès des tiers au réseau (ATR) théorisés dès 1983 par Paul Joskow et Richard Schmalensee. Les États-Unis vont de fait ouvrir leur marché de manière pragmatique, en laissant, *in fine*, à chaque État le choix de déréguler ou non. Le Royaume-Uni reprend alors l'idée à son compte. Le gouvernement Thatcher souhaite affaiblir les puissants syndicats du secteur du charbon. Les importantes découvertes de gaz de la mer du Nord offrent la perspective de remplacer massivement le charbon par le gaz dans l'électricité. La libéralisation du secteur électrique en sera l'instrument. Elle devait permettre, par ailleurs, pour le gouvernement de Margaret Thatcher, de dynamiser un secteur électrique marqué par une faible productivité et d'assurer la diffusion du modèle d'actionnariat populaire par la privatisation du CEGB (le producteur-transporteur) et des Area Boards (les distributeurs). La volonté du gouvernement Thatcher de promouvoir au niveau européen une libéralisation qui faisait sens au Royaume-Uni se heurta tout d'abord à un front uni de la France et de l'Allemagne. À partir de la moitié de la décennie 1990 cependant, l'Allemagne se range du côté du Royaume-Uni avec l'idée que la libéralisation devait lui permettre de moderniser ses électriciens. [...] La France se retrouve alors seule. Hésitante sur la définition et la défense de ses intérêts nationaux, disposant de moindres relais

exponentielle, avec des étapes d'expérimentation accompagnées de mesures « à effet retard » et des réformes d'accélération au gré des circonstances et des obstacles rencontrés. Elle comporte à la fois une profonde décomposition du secteur européen de l'électricité mettant fin aux monopoles ou oligopoles nationaux verticalement intégrés et une restructuration des règles d'échange et de calcul des prix dont le marché de vente en gros d'électricité est la forme emblématique.

En même temps, ce vaste programme de démantèlement des grands énergéticiens nationaux n'est que le prélude d'un mouvement de concentration capitalistique qui aboutit, par le jeu d'acquisition d'actifs et de prise de participations, à des oligopoles multi-énergies européens, souvent intégrés sur plusieurs chaînes de valeur.

Salles des marchés *versus* salles des machines

Le marché de gros désigne le marché où l'électricité est achetée et vendue avant d'être mise à disposition des clients finals (particuliers ou entreprises) sur le réseau électrique. Quatre catégories d'acteurs interviennent sur le marché de gros de l'électricité qui est réservé uniquement aux professionnels : les producteurs d'électricité (qui exploitent des centrales nucléaires ou thermiques classiques ainsi que des sources d'énergies renouvelables), les négociants (des intermédiaires qui achètent pour revendre), les fournisseurs (qui achètent l'électricité pour approvisionner « au détail » leur clientèle) et les opérateurs d'effacement (qui valorisent l'électricité qui n'a pas été achetée

d'influence à Bruxelles et sans réelle vision sur l'énergie en Europe, la France finit par s'aligner sur l'Allemagne et négocie des contreparties dans d'autres domaines, en particulier la politique agricole commune. » (Cf. Jean-Paul Bouttes, François Dassa, *op.cit.*, pp. 35-36).

en réduisant temporairement la consommation d'un site industriel ou d'un groupe de consommateurs).

Le prix de gros de l'électricité n'est pas indexé sur le coût moyen de production, mais il est fixé par le coût de la dernière centrale électrique (le plus souvent une usine à gaz) mise en production pour répondre à la demande globale. Dans ce système aberrant qui conduit inévitablement à l'explosion du prix de l'électricité, tout se passe comme si les salles des marchés étaient en train de l'emporter sur les salles des machines.

Dès le début des années 1990, l'ouverture à la concurrence du secteur de l'énergie est conduite sous les injonctions et la surveillance de la Commission qui s'efforce de faire avancer l'intégration économique européenne en stagnation. La réforme libérale de Bruxelles se construit selon une approche descendante (*top-down*) qui consiste à imposer un modèle uniforme pour l'ensemble des pays dans le sillage du marché unique européen. Les gouvernements des États membres, quelle que soit leur appartenance politique, consentent très majoritairement à franchir le cap de la libéralisation en escomptant des bénéfices futurs par le biais d'économies d'échelle, d'optimisation des interconnexions ou de diversification des approvisionnements en énergie. Certains se lancent dans la dérégulation de manière anticipée, comme dans le cas du Royaume-Uni, des Pays-Bas ou de la Suède ; d'autres se résignent à rallonger au maximum les échéances de transposition des directives européennes, à l'instar de la France. L'idée d'Europe sert d'alibi[22] aux élites dirigeantes

22. « L'Europe, c'est une bonne idée. Ce qui n'est pas bon, c'est le logiciel dans lequel l'Europe s'inscrit. L'Europe n'est pas responsable de tous nos malheurs. Qu'est-ce qu'on a transféré comme compétence ? Et qu'est-ce qu'on a délégué à l'Europe en matière de souveraineté ? Sur le coin de chaque rue en France est marqué : Liberté, Egalité, Fraternité. Ceux qui ont écrit la Constitution européenne actuelle,

pour fuir leurs responsabilités stratégiques en matière de politique énergétique sur le long terme et déléguer à des instances supranationales la « gouvernance » des marchés internes de l'énergie basée sur la concurrence permanente et omniprésente et la rentabilité court-termiste.

En l'absence d'une vision partagée des enjeux énergétiques et d'une clause d'harmonisation sociale minimale en Europe, la Commission s'attaque au marché de l'électricité en mobilisant les leviers propres dont elle dispose, notamment les pouvoirs étendus de contrôle et de sanction en matière de politique de concurrence dont elle a la compétence exclusive. Dans son collimateur sont d'emblée placés les ententes anticoncurrentielles, les aides directes ou indirectes d'État aux entreprises publiques ou privées, et surtout, les abus de position dominante sur le marché. L'utilisation de la concurrence comme vecteur d'accélération de l'intégration européenne et outil privilégié de politique économique énergétique se fait au détriment d'autres considérations stratégiques, tels les défis industriels autour de la sécurité d'approvisionnement, le développement démocratique du service public, l'amélioration de la condition salariale de l'ensemble des énergéticiens ou la consolidation du droit à l'énergie pour tous.

L'impulsion initiale de libéralisation sera donnée par la première directive européenne concernant l'électricité, adoptée en décembre 1996, suivie en juin 1998 d'une directive sur le gaz. Elles prévoient notamment l'ouverture

---

qu'est-ce qu'ils ont marqué ? Vive le marché ! Il faut se reposer la question du logiciel. Du coup, l'Europe devient un alibi. Par exemple, si on prend notre propre système, la loi NOME a été écrit avec des gens qui étaient déjà en place à l'Europe pour casser le monopole d'EDF. C'est les mêmes gens qui mènent les débats en faveur du projet Hercule pour créer trois entités séparées en concurrence parce que leur objectif, c'est de faire la concurrence. » (Entretien avec Alain André, secrétaire général de la FNEM-FO, réalisé par l'auteur)

graduelle des marchés et des mesures garantissant un accès non discriminatoire aux réseaux à tous les concurrents. La dissociation des comptes entre les gestionnaires de réseau de transport et de réseau de distribution (GRT et GRD) et les producteurs ou les commercialisateurs s'impose comme une évidence pour contrer les « avantages indus » aux entreprises en place, par rapport aux concurrents potentiels. En attente de leur transposition, les directives laissent d'importantes marges d'initiative aux gouvernements nationaux pour ajuster pendant une période transitoire l'organisation du marché dérégulé au regard de leur système énergétique et des enjeux sociaux et politiques qui s'y rattachent.

L'harmonisation du marché intérieur européen de l'énergie se poursuit en 2003 avec l'adoption d'un nouvel ensemble législatif (dit deuxième paquet « Energie ») qui fixe le calendrier de l'ouverture du marché pour les clients non résidentiels (à partir du 1er juillet 2004) et pour les clients domestiques (à partir du 1er juillet 2007) tout en exigeant que les activités de GRT ou de GRD soient réalisées par des sociétés juridiquement distinctes. Adopté en 2009 et transposé en France par la loi NOME, le troisième paquet « Energie » parachève la mise en œuvre du marché intérieur de l'énergie en introduisant plusieurs réformes afin d'« homogénéiser » les conditions de concurrence dans les pays membres de l'Union européenne. La mesure la plus emblématique de ce paquet législatif concerne le « découplage » obligatoire des activités de production et des activités d'approvisionnement de l'électricité et du gaz.

Toutes ces dispositions règlementaires donnent un fort élan au processus de libéralisation et jettent les bases d'un nouvel ordre électrique. Leur caractère souvent abstrait et faiblement prescriptif permet d'avancer différentes réinterprétations et de préserver des marges de jeu institutionnel et politique qui font le bonheur de certains pays. En parallèle, les procédures de la régulation communautaire, du fait même de leurs ambiguïtés et de leurs lacunes, ne cessent de susciter des revendications contradictoires liées aux initiatives décentralisées des acteurs économiques et institutionnels, de provoquer des rivalités multilatérales, d'engendrer d'interminables occasions de contentieux.

Ces désordres sont difficiles à résoudre sans recourir à des actions en justice, et partant, sans établir une nouvelle sédimentation de règles d'autant plus exigeantes qu'elles sont d'ordre jurisprudentiel. En définitive, l'expansion de la norme juridique constitue une tendance de fond qui approfondit la régulation communautaire et élargit son espace décisionnaire tout en s'affranchissant graduellement du pouvoir politique (exécutif autant que législatif)[23].

Un New Deal énergétique ?

La transposition en droit français de la première directive européenne sur l'ouverture du marché de

23. « L'activité juridique constitue une source bien plus redoutable que l'activité législative elle-même en matière de libéralisation. Celle-ci est d'autant plus facilitée que les textes négociés par les représentants des États s'en tiennent à des considérations générales et ne posent aucun principe d'organisation explicite des services publics. Chaque imprécision, loin de laisser des degrés de liberté aux États, offre des marges de manœuvre aux actions en justice des divers intérêts constitués pour s'assurer, via la sédimentation jurisprudentielle, une libéralisation sans cesse plus complète des secteurs en question. Au final, le caractère trop général des textes crée des opportunités d'accélération de la libéralisation des services publics par le seul jeu des saisines des juridictions concurrentielles. » (Cf. Frédéric Marty, « Analyse de la libéralisation des industries de réseaux au travers de la jurisprudence du Conseil de la concurrence français », *Revue internationale de droit économique*, 2004/4, t. XVIII, p. 459).

l'électricité sera adoptée en vote final en février 2000[24], avec un an de retard par rapport au délai accordé aux États membres pour son application. La loi de modernisation de l'électricité ne se contente pas d'ouvrir le marché, partiellement et progressivement, en transposant les engagements européens de la France. Tout en réaffirmant l'importance de la notion de service public et détaillant précisément ses missions dès son premier article, elle redéfinit les modalités de la régulation du secteur électrique dans le contexte de la libéralisation.

Concrètement, elle sépare les activités de gestionnaire de réseau de distribution des activités de fourniture d'électricité, institue RTE en tant que gestionnaire de réseau de transport d'électricité de haute tension indépendant d'EDF d'un point de vue comptable et managérial, met en place la Commission de régulation de l'électricité (qui évoluera en Commission de régulation de l'énergie après la libéralisation du gaz), instaure l'obligation d'achat de l'électricité d'origine renouvelable par EDF dont les éventuels surcoûts seront supportés par le Fonds du service public de la production d'électricité (FSPE) qui deviendra Contribution aux charges de service public de l'électricité (CSPE) et sera financée par l'intégralité des consommateurs d'électricité. Mais en dépit des ajouts louables en faveur du droit à l'énergie et des précautions prises pour neutraliser les voix dissidentes, cette réforme d'orientation libérale, largement impopulaire dans les rangs de l'électorat de gauche, constitue un tournant qui prépare le terrain pour la désintégration et la privatisation d'EDF.

Dans sa mise à l'agenda, la libéralisation du secteur de l'électricité au cours des années 2000 se heurte à des difficultés croissantes qui ont tendance à se transformer en

24. Loi n° 2000-108 du 10 février 2000 relative à la modernisation et au développement du service public de l'électricité.

obstacles structurels. À mesure que le marché « ouvert » se construit par empilement de dispositions légales et enchevêtrement de règles dérogatoires, il perd sa lisibilité et devient de plus en plus imprévisible. Très rapidement, des inquiétudes et des interrogations sont formulées quant à la volatilité et l'inconsistance des prix de l'électricité, la gestion inéquitable du marché électrique qui favorise certains intérêts au détriment d'autres, la cohérence des stratégies énergétiques au niveau national et l'avenir du service public. Il ne s'agit pas de disqualifier le nouveau mode de régulation en bloc, mais plutôt d'alerter avec clairvoyance sur des points aveugles qui peuvent agir comme des facteurs de désordre aux conséquences inattendues.

Dispositions européennes et règlementaires encadrant le marché de l'électricité

Directive 96/92/CE du 19 décembre 1996 Première directive européenne sur l'ouverture du marché de l'électricité
Juin 1998 - Première directive européenne sur l'ouverture du marché du gaz
Février 1999 - Ouverture du marché pour les entreprises consommant + de 100 GWh
Février 2000 - Ouverture du marché pour les entreprises consommant + de 16 GWh
Loi du 10 février 2000 relative à la modernisation et au développement du service public de l'électricité
Mars 2000 - Mise en place de la Commission de régulation de l'électricité (CRE), chargée de veiller à l'accès équitable de tous les acteurs du marché au réseau de transport
Juin 2000 - Création de Réseau de transport de l'électricité (RTE), structure indépendante ayant pour objectif de gérer l'égal accès des tiers au réseau
Loi du 3 janvier 2003 relative aux marchés du gaz et de l'électricité et au service public de l'énergie

Février 2003 - Ouverture du marché pour les entreprises consommant + de 7 GWh
Directive 2003/54/CE du 23 juin 2003
Juillet 2004 - Ouverture du marché pour toutes les entreprises et les collectivités locales
Loi du 9 août 2004 - Séparation des activités de production, transport, distribution et fourniture de l'énergie. Transformation d'EDF d'établissement public à caractère industriel et commercial (EPIC) en société anonyme (SA)
Loi du 13 juillet 2005 de programme fixant les orientations de la politique énergétique
Loi du 7 décembre 2006 relative au secteur de l'énergie
Dispositions de la loi du 5 mars 2007
Juillet 2007 - Ouverture du marché pour tous les particuliers dans toute l'UE.
Juillet 2007 - Séparation d'EDF et de GDF
Dispositions de la loi du 21 janvier 2008 relative aux tarifs réglementés d'électricité et de gaz
Juillet 2008 - Gaz de France fusionne avec la société Suez, donnant naissance à GDF SUEZ
Directive 2009/72/CE du 13 juillet 2009
Loi du 7 juin 2010 autorisant le retour aux tarifs réglementés
Loi du 7 décembre 2010 portant nouvelle organisation du marché de l'électricité (loi NOME)
Ordonnance du 9 mai 2011 portant codification de la partie législative du code de l'énergie
Loi du 15 avril 2013 visant à préparer la transition vers un système énergétique sobre
Dispositions de la loi du 17 mars 2014 relative à la consommation
Janvier 2016 - Fin des tarifs réglementés pour les clients souscrivant une puissance supérieure à 36 kVA
Décembre 2020 - Fin des tarifs réglementés du gaz pour les professionnels
Janvier 2021 - Fin du tarif réglementé de l'électricité pour les professionnels, hormis les microentreprises
Juillet 2023 - Fin du tarif réglementé du gaz pour les clients particuliers

Un exemple instructif. Alors que l'ouverture à la concurrence de l'électricité est encore à ses balbutiements, il est frappant de constater les réserves techniques et économiques exprimées par les industriels de l'Uniden[25], pourtant favorables au marché ouvert lorsque les prix sont bas, qui anticipent certains dysfonctionnements de la « libéralisation » qui se manifesteront avec éclat ultérieurement. Au point de prévenir publiquement sur les risques d'une crise électrique, comme l'écrit en 2003 Jean-Paul Aghetti qui présidait à l'époque la commission électricité de l'Uniden :

> « Aucun des buts recherchés par la réforme du mode de commerce de l'électricité n'est atteint. L'opacité des coûts de production électrique n'a jamais été si grande. Les prix sont différenciés d'heure en heure ou de mois en mois sans que ces différenciations renvoient à des éléments "fondamentaux" qui soient économiquement pertinents. Il n'y a aucune réelle possibilité pour le client final de négocier les prix avec différents fournisseurs et d'obtenir une réelle visibilité de ces prix sur différentes échéances.
>
> En sus de ne pas répondre aux attentes des clients, l'actuelle organisation du commerce d'électricité est inefficace. Au défaut de transparence déjà évoqué, s'ajoutent des défauts de robustesse et d'équité. Les règles du marché ont en effet démontré une incapacité à bien fonctionner dans une grande variété de circonstances. La conception même du modèle de marché discrimine sérieusement la catégorie de participants que sont les

25. Créée en 1978, cinq ans après le premier choc pétrolier, l'Union des industries utilisatrices d'énergie (Uniden) représente des entreprises françaises fortement consommatrices d'énergie présentes dans onze secteurs industriels. Sa principale mission consiste à faciliter l'accès des industries énergo-intensives à des conditions compétitives d'approvisionnement en énergie.

acheteurs, clients finals, mis dans une position d'asymétrie aggravée vis-à-vis de leurs fournisseurs.

Quant à la surveillance et à l'observation des règles de ce marché tel qu'il est actuellement organisé, elles ne disposent d'aucun moyen adapté à commencer par celui d'imposer des sanctions. L'Europe, de ce point de vue, affiche un grave déficit par rapport aux États-Unis.

Il y a urgence à ce que toutes ces questions fassent l'objet d'un débat sérieux. Il faut dépasser ce stade où la volonté d'ouvrir le secteur électrique à la concurrence relève par trop de l'incantation et assurer un développement de l'organisation du commerce d'électricité qui ne pénalise pas gravement les clients. La menace de crise électrique est aujourd'hui réelle. Pourquoi ne pas décider de l'écarter en mettant en œuvre une bonne gouvernance du marché électrique ? »[26]

Une décennie après l'adoption par le parlement français de la loi de modernisation et de développement du service public de l'électricité, Christian Pierret, l'un des principaux rédacteurs de cette loi[27], revient avec l'expérience accumulée à dresser un diagnostic assez alarmant sur les fragilités et les ambivalences non arbitrées politiquement du système électrique français. Entre ouverture à la concurrence et indépendance énergétique, maîtrise des prix au bénéfice des consommateurs et respect des exigences européennes de libéralisation, options et préoccupations conjoncturelles et prise en compte de l'intérêt général sur le long terme, les dilemmes de l'organisation du marché de l'électricité sont tranchants et récurrents :

---

26. Cf. Jean-Paul Aghetti, « Électricité : Parole de clients industriels », *Les Échos*, 24 juillet 2003.
27. Christian Pierret, ancien député socialiste proche de Dominique Srauss-Kahn, a été secrétaire d'État auprès du ministre de l'Économie, des Finances et de l'Industrie, chargé de l'Industrie (1997-2002).

> « Aujourd'hui, les promesses ont fait place à beaucoup de déception : sentiment de hausse des prix, amélioration très relative de la qualité pour le consommateur, critiques sur la faiblesse des investissements et la démarche "court-termiste" des entreprises du secteur, peu tournées vers une vision déterminée de l'avenir énergétique qui dépasse le jeu du marché. Prise dans le chevauchement complexe entre public et privé, entre vision régulée et concurrentielle, la France énergétique est au "milieu du gué" : où l'État place-t-il le "curseur" entre son rôle d'actionnaire majoritaire, les préoccupations immédiates et ses missions régaliennes de long terme ? Faut-il stopper le processus, revenir en arrière, aller plus loin ? »[28]

La loi NOME, une construction législative absurde et aberrante

La loi NOME (Nouvelle organisation du marché de l'électricité) est une importante étape dans l'édification d'un marché « libéralisé » de l'énergie en France. Adoptée définitivement le 24 novembre 2010[29], elle intervient trois ans après l'ouverture totale des marchés de l'électricité et du gaz à la concurrence datant du 1er juillet 2007 lorsque tous les consommateurs, y compris les clients domestiques, sont devenus éligibles pour choisir librement leur fournisseur d'énergie. L'objectif de la loi est de rendre l'organisation du système électrique plus concurrentiel en

---

28. Cf. Christian Pierret, « Palinodies françaises face à l'urgence énergétique », *La Tribune*, 11 mars 2010.
29. La loi NOME a été promulguée le 7 décembre 2010 et entrée en vigueur le 1er juillet 2011. Selon l'exposé de ses motifs, cette loi contribuera à mettre en place « une régulation ciblée et efficace du marché électrique qui permettra aux consommateurs de continuer à bénéficier de l'investissement réalisé dans le développement du nucléaire, tout en développant pleinement, pour le consommateur, l'innovation et la faculté de choix. »

apportant des correctifs aux imperfections du cadre légal existant.

La situation à la fin des années 2000 est paradoxale. Alors que des efforts considérables ont été accomplis sur le plan juridique pour favoriser le fonctionnement efficace du marché intérieur de l'énergie, le développement commercial des fournisseurs alternatifs piétine. À force de faire l'impasse sur le poids des coûts de migration pour passer d'un fournisseur à l'autre, le « nomadisme de la clientèle » n'a pas eu lieu. En dépit des attentes des promoteurs de la libéralisation, confortés et rassurés par l'expérience « avantageuse » des télécommunications, EDF continue à jouer un rôle déterminant dans la production et la commercialisation de l'électricité. Plusieurs motifs peuvent être avancés pour expliquer la solidité des liens de fidélisation noués entre le champion national et les consommateurs, notamment les clients particuliers, à commencer par la notoriété d'un service public qui a longtemps fait ses preuves jusqu'à la politique de péréquation tarifaire en passant par la stabilité des prix de l'électricité qui sont, en 2009, inférieurs de 27 % à la moyenne européenne pour les ménages et de 33 % pour les autres consommateurs.

Qui plus est, le retournement de tendance des prix de marché de l'électricité après une conjoncture baissière ne fait pas l'affaire des entreprises électro-intensives. L'envol du prix du pétrole brut de l'OPEP qui passe de 23 dollars le baril en 2001 à 94 dollars en 2008 entraîne une flambée du prix de l'électricité thermique, mettant les industriels en grande difficulté. Les promesses alléchantes de la libéralisation, supposée garantir un niveau de prix acceptable, se heurtent aux réalités du calcul économique où l'on déplore de voir la tarification de l'électricité s'aligner sur les prix du pétrole en cas de hausse, mais pas dans le sens inverse.

À l'aube de la terrible crise financière de 2007-2008 qui finira par ébranler l'édifice de la mondialisation, la croyance aux vertus de la concurrence comme mode d'organisation économique performant se trouve contestée, défiée, démonétisée. D'où l'appel à l'action de l'État pour autoriser les grandes et moyennes entreprises ayant exercé leur éligibilité en souscrivant à un contrat d'approvisionnement avec un fournisseur alternatif à revenir à EDF. C'est ainsi que naît le Tarif réglementé et transitoire d'ajustement au marché (Tartam)[30], un dispositif d'achat de l'électricité qui permet aux entreprises qui le souhaitent de bénéficier à nouveau d'un tarif réglementé inférieur au prix du marché.

Tous ces atermoiements et revirements ne passent pas inaperçus. En fait, le degré élevé de concentration du marché intérieur, l'intégration verticale de l'offre d'électricité, les tarifs réglementés fixés par les pouvoirs publics en dessous des coûts d'un nouvel entrant suscitent l'inquiétude de Bruxelles. C'est ainsi que la Commission européenne engage deux procédures d'infraction contre la France, d'une part, pour transposition incomplète des dispositions communautaires concernant les consommateurs résidentiels, et d'autre part, pour les pratiques de tarifs réglementés d'achat d'électricité, dont bénéficient les entreprises ayant des consommations importantes ou moyennes (tarifs vert et jaune[31], ainsi que le Tartam), assimilées à des aides publiques qui nuisent au fonctionnement de la concurrence.

---

30. Adopté dans le cadre de la Loi 2006-1537 du 7 décembre 2006 et prolongé jusqu'en 2010, le Tartam est supprimé au vu des dispositions de la loi NOME.

31. Le tarif bleu est applicable à une puissance souscrite inférieure à 36 kVA, le tarif jaune à une puissance comprise entre 36 kVA et 250 kVA, le tarif vert à une puissance supérieure à 250 kVA.

Pour sortir de l'impasse et éviter les sanctions, le gouvernement de François Fillon nomme en octobre 2008 une Commission d'experts sous la présidence de Paul Champsaur[32]. Elle est chargée de réfléchir et de formuler des recommandations en vue de clarifier et de stabiliser les règles applicables au marché électrique dans le respect du droit européen. Elle doit répondre à des attentes contradictoires et proposer une réforme en profondeur du marché afin que de nouveaux acteurs puissent émerger et se développer. L'essentiel des préconisations du rapport de la commission Champsaur sur l'organisation du marché de l'électricité sera ensuite repris intégralement dans la loi NOME.

Synthèse des recommandations de la commission Champsaur

« La commission préconise d'attribuer à tout fournisseur un droit d'accès à l'électricité de base à un prix régulé reflétant les conditions économiques du parc nucléaire historique pour un volume proportionné à son portefeuille de clientèle sur le territoire national. En ce qui concerne l'accès régulé à la production d'électricité en base aux conditions du parc historique :

– les volumes devraient être attribués, en suivant l'évolution du portefeuille de clients, non pas en temps réel mais ex ante à une fréquence d'abord trimestrielle ou semestrielle puis annuelle en référence à une prévision commerciale ;

---

32. Paul Champsaur, ancien directeur de l'Insee (1992-2003), devient ensuite président de l'Autorité de régulation des communications électroniques et des postes (2003-2008). Dans la « Commission Champsaur » participent des élus nationaux (les députés François Brottes et Jean-Claude Lenoir, les sénateurs Jean-Marc Pastor et Ladislas Poniatowski) ainsi que des experts et des personnalités qualifiées (Jean Bergougnoux, Martin Hellwig, Daniel Labetoulle et Jacques Percebois).

– le prix devrait couvrir l'ensemble des coûts présents et futurs (charges d'exploitation, investissements de maintenance et d'allongement de la durée de vie des centrales) supportés par EDF sur son parc historique, sans augmenter la dette ;

– cet accès régulé à la production d'électricité en base devrait être ajusté ex post en fonction du portefeuille réel de clients soit par les volumes soit par les prix ;

– la forme des contrats devrait prendre en compte l'essentiel de l'avantage compétitif tiré du parc nucléaire actuel et notamment du fait qu'il produit plus en hiver qu'en été ;

– dans la limite des volumes faisant l'objet de la régulation, il faudrait permettre aux fournisseurs de négocier librement avec EDF des contrats plus risqués à un prix plus compétitif.

La régulation proposée par la commission nécessitera de mettre en place un contrôle fin et continu par le régulateur. La mise en place d'une comptabilité séparée et auditée pour le parc nucléaire historique d'EDF permettra le calcul du juste prix des contrats régulés. Par ailleurs, en termes d'allocation de volumes, la régulation devra être dynamique et prendre en compte le développement effectif des acteurs du marché de l'électricité.

Cette intervention publique vise à placer sur un pied d'égalité tous les fournisseurs d'électricité agissant sur le marché français de l'électricité et doit être conçue de façon à déboucher à terme sur un fonctionnement concurrentiel et efficace du marché de l'électricité, incitant les acteurs à investir dans de nouvelles capacités de production. Certains membres de la commission soulignent néanmoins leur attachement à ce que le parc nucléaire soit opéré par un acteur public. Il s'agit donc bien d'une intervention transitoire, d'une durée d'une dizaine d'années, qui nécessitera un nouvel examen de la situation lorsque seront connues les conditions de l'allongement éventuel de la durée de vie des centrales existantes.

À l'aval, les tarifs réglementés de vente aux consommateurs industriels (verts et une partie des jaunes) et le Tartam n'apparaissent plus nécessaires dès lors que la régulation à l'amont et la concurrence permettront de garantir aux consommateurs industriels l'accès à une électricité reflétant la compétitivité du parc de production.

En revanche, pour les petits consommateurs (tarifs bleus, voire une partie des jaunes), du fait de leurs caractéristiques spécifiques (inertie, insuffisance du comptage), la commission préconise le maintien des tarifs réglementés :

– le niveau de ces tarifs doit être tel qu'il permette à la concurrence d'élaborer des offres compétitives basées sur l'approvisionnement par un accès régulé à la production en base. Il devra être élaboré par la même institution que pour les contrats d'accès régulé à la production d'électricité en base aux conditions économiques du parc historique, et basé sur l'empilement des différents coûts sous-jacents ;

– les consommateurs devront pouvoir aller et venir sans contrainte des offres réglementées aux offres libres et réciproquement ;

– tous les fournisseurs pourront proposer les offres aux tarifs réglementés.

L'organisation ainsi proposée assurera le développement du marché de l'électricité tout en garantissant la sécurité de l'approvisionnement électrique, et des prix justes pour les consommateurs finals. Elle permettrait des signaux de prix incitant à la maîtrise de la demande, notamment en période de pointe. » (Extrait du Rapport de la commission Champsaur)

Très controversée politiquement, la loi NOME vise à soutenir l'émergence et la survie de fournisseurs alternatifs d'électricité tout en laissant perdurer pour les clients domestiques et les petits professionnels les tarifs réglementés. Pour lever les hésitations des consommateurs particuliers à quitter l'opérateur historique pour une offre d'électricité ou de gaz à prix de marché, elle instaure le principe de « réversibilité » leur permettant d'y revenir sans pénalités à tout moment. En revanche, elle programme l'extinction des tarifs réglementés de vente d'électricité jaunes et verts à partir du 1er janvier 2016.

La loi NOME représente un bond en avant significatif vers le « marché ouvert ». En même temps, elle prévoit toute une série de dispositions dérogatoires qui s'écartent du modèle idéal de concurrence pure et parfaite. L'un des piliers de la loi est l'Accès régulé à l'électricité nucléaire historique (Arenh) qui instaure la vente forcée d'un quart de la production électronucléaire d'EDF (100TWh) chaque année à ses concurrents. La production hydroélectrique était également pressentie pour contribuer à cette aide d'État de type nouveau, mais finalement, le projet n'a pas abouti[33]. Sous l'appellation feutrée de « partage de la rente nucléaire », l'Arenh permet aux fournisseurs alternatifs de s'approvisionner en « électricité de base » (celle du parc nucléaire historique) à un tarif régulé de vente[34], dans la perspective d'encourager la concurrence sur le marché de détail et de garantir aux consommateurs un prix bas de l'énergie.

33. Thomas Reverdy remarque que l'abandon de l'hydraulique a vraisemblablement été motivé par la crainte du gouvernement de voir GDF Suez, actionnaire de référence de la Compagnie nationale du Rhône, attaquer la loi NOME au titre du respect du droit de propriété. « Lors de la rédaction de cette loi, le groupe GDF Suez a obtenu que la vente réglementée d'électricité se limite au nucléaire historique, excluant ainsi l'hydraulique. La revendication par GDF Suez de son droit de propriété sur la Compagnie nationale du Rhône a convaincu le gouvernement d'abandonner l'hydraulique, car modifier les conditions de vente de l'électricité produite par GDF Suez pouvait être considéré comme une expropriation. » (Thomas Reverdy, *La construction politique du prix de l'énergie. Sociologie d'une réforme libérale*, Paris, Presses de Sciences Po, 2014, p. 274)

34. Fixé initialement à 40 €/MWh, le tarif de l'Arenh s'élève à 42 €/MWh à partir du 1er janvier 2012. Il est notoire que son niveau restera bloqué pendant une décennie. Le volume global maximal de l'Arenh a été relevé par le gouvernement à 120 TWh pour l'année 2022. Cependant, en 2023, le plafond de l'Arenh est revenu à son niveau réglementaire de 100 TWh.

Loi n° 2010-1488 du 7 décembre 2010 portant nouvelle organisation du marché de l'électricité

« I. — Afin d'assurer la liberté de choix du fournisseur d'électricité tout en faisant bénéficier l'attractivité du territoire et l'ensemble des consommateurs de la compétitivité du parc électronucléaire français, il est mis en place à titre transitoire un accès régulé et limité à l'électricité nucléaire historique, produite par les centrales nucléaires mentionnées au II, ouvert à tous les opérateurs fournissant des consommateurs finals résidant sur le territoire métropolitain continental ou des gestionnaires de réseaux pour leurs pertes, à des conditions économiques équivalentes à celles résultant pour Électricité de France de l'utilisation de ses centrales nucléaires mentionnées au même II.

II. — Pendant la période définie au VIII, Électricité de France cède de l'électricité, pour un volume maximal et dans les conditions définies au III, aux fournisseurs d'électricité qui en font la demande, titulaires de l'autorisation prévue au IV de l'article 22 et qui prévoient d'alimenter des consommateurs finals ou des gestionnaires de réseaux pour leurs pertes, situés sur le territoire métropolitain continental. Les conditions d'achat reflètent les conditions économiques de production d'électricité par les centrales nucléaires d'Électricité de France situées sur le territoire national et mises en service avant la publication de la portant nouvelle organisation du marché de l'électricité.

Les conditions dans lesquelles s'effectue cette vente sont définies par arrêté du ministre chargé de l'énergie sur proposition de la Commission de régulation de l'énergie. Il en est de même des stipulations de l'accord-cadre mentionné au III du présent article.

Le volume global maximal d'électricité nucléaire historique pouvant être cédé est déterminé par arrêté des ministres chargés de l'économie et de l'énergie, après avis de la Commission de régulation de l'énergie, en fonction notamment du développement de la concurrence sur les marchés de la production d'électricité et de la fourniture de celle-ci à des consommateurs finals. Ce volume global maximal, qui demeure strictement proportionné aux objectifs poursuivis, ne peut excéder 100 térawattheures par an. »

La logique est imparable : EDF disposerait d'un « avantage déloyal », grâce notamment aux coûts très bas du secteur nucléaire. Pour éviter que la France se retrouve en grave infraction au regard des règles communautaires et mise en demeure par la Commission européenne, les nouveaux acteurs du marché de l'électricité devraient bénéficier des conditions de vente équivalentes. Cependant, le raisonnement selon lequel la politique tarifaire EDF ne respecterait pas les règles de la concurrence est absurde et infondé. En fait, l'opérateur public ne pratique pas de prix abusivement bas ni d'entente concertée avec d'autres acteurs pour empêcher ou fausser le jeu de la concurrence. Il couvre intégralement ses coûts et ne reçoit pas d'aides d'État[35]. Au contraire, ce sont les fournisseurs alternatifs qui recourent souvent à des offres tarifaires alléchantes et alambiquées tout en menant, à coup de délocalisations et de précarisations massives, un dumping social inacceptable entre entreprises d'un même secteur.

L'Arenh se présente comme étant un dispositif « limité et transitoire »[36], sans pour autant préciser les conditions et les différents mécanismes susceptibles de le remplacer. Il garantit et protège les marges des concurrents d'EDF qui sont fort souvent des « revendeurs », sans investissement productif ni prise de risques, exclusivement empressés

---

35. Encore faudrait-il rappeler que le financement du parc nucléaire existant (payé à 50 % par autofinancement et à 50 % par emprunt sur les marchés financiers) a été supporté par les contribuables via les tarifs passés et non pas par l'impôt.

36. En vigueur depuis le 1er juillet 2011, il est prévu que le système actuel d'Arenh prendra fin le 31 décembre 2025, laissant suffisamment de temps aux concurrents pour investir, construire et exploiter leurs propres moyens de production d'énergie.

d'accaparer les profits de la commercialisation. Alors qu'il est conçu comme un mécanisme libéral pour accroître la concurrence en multipliant le nombre d'acteurs sur le marché français et faire baisser les prix pour les consommateurs, il fonctionne comme un dispositif d'économie administrée en excluant du marché une large part de la production électrique d'origine nucléaire, considérée d'emblée comme « patrimoine commun ». Pratiquement, il s'agit de soustraire au marché dérégulé d'importants volumes d'électricité qui ne seront plus négociés entre acteurs privés pour accéder à la production nucléaire à prix coûtant.

Paradoxalement, la marche vers la concurrence avance à renfort de réaménagements doctrinaux et de contorsions règlementaires. Autant dire que l'Arenh représente une anomalie juridique et une aberration politique même du point de vue d'une logique strictement concurrentielle. Mais malgré les effets d'aubaine, le résultat du mécanisme au regard de l'objectif de favoriser l'investissement des fournisseurs alternatifs dans les moyens de production complémentaires est loin d'être satisfaisant, comme l'atteste la CRE elle-même :

> « Le retour d'expérience montre que l'Arenh ne semble pas en mesure d'apporter les incitations suffisantes au développement de la concurrence à l'amont : aucun contrat de gré à gré avec EDF n'a été signé depuis la création du dispositif et les fournisseurs n'ont pas été incités à investir dans des moyens de production, même si des décisions de ce type dépendent de nombreux autres paramètres. Cette situation ne semble pas devoir évoluer d'ici à 2025, date d'échéance du dispositif. »[37]

37. Commission de la régulation de l'énergie, « Évaluation du dispositif ARENH entre 2011 et 2017 », 18 janvier 2018, p. 5.

De surcroit, la loi NOME renforce les attributions de la CRE, notamment sur la détermination des tarifs. Le régulateur ne se contente pas d'émettre un avis à destination du pouvoir exécutif, il s'implique de plus en plus activement dans le processus de prise de décision sous réserve de la possibilité des ministres de s'y opposer ou de demander une nouvelle délibération. La CRE fixe elle-même la méthode de calcul utilisée pour établir le tarif d'utilisation des réseaux publics d'électricité (TURPE) dont le poids est considérable puisqu'il finance 90 % des activités d'Enedis et représente environ un tiers de la facture d'électricité des clients particuliers. Elle transmet aussi aux ministres concernés ses propositions élaborées pour l'évolution des tarifs réglementés de vente que le gouvernement peut accepter ou rejeter en motivant sa décision dans les trois mois. L'écart entre la tarification proposée par la CRE et le tarif de vente établi par le pouvoir exécutif peut s'avérer spectaculaire[38].

À l'issue des débats parlementaires, les critiques adressées par les organisations professionnelles des salariés de l'énergie à la loi NOME sont particulièrement virulentes. Ce dispositif de partage de la « rente nucléaire » qui constitue en réalité une subvention consentie aux « fournisseurs alternatifs » ne trouve pas grâce à leurs yeux. Il apparaît d'autant plus inconcevable qu'il n'existe aucune

38. Dans sa délibération du 18 janvier 2022, la CRE a proposé aux ministres de l'énergie et de l'économie de faire évoluer les TRVE, au 1er février 2022, de + 44,5 % HT pour les consommateurs domestiques et de + 44,7 % HT pour les consommateurs professionnels. Le gouvernement a refusé la proposition tarifaire de la CRE et a fixé, par arrêté, un barème des TRVE correspondant à une augmentation de 4 % TTC en moyenne. Cela correspond à une augmentation d'environ 38 €/an sur la facture d'un client résidentiel et d'environ 60 €/an pour un client professionnel, au lieu de 330 €/an et 540 €/an respectivement en l'absence de mesures. (Source : CRE)

autre industrie qui produit un bien et le vend à perte à ses concurrents.

Les syndicalistes le vivent très mal parce qu'il contredit les fondamentaux de leur engagement professionnel tout en affaiblissant financièrement leur entreprise. Ils dénoncent un régime « confiscatoire » d'une grande partie des ressources d'EDF, un « énorme gaspillage » d'un bien stratégiquement vital de la Nation, voire une « spoliation organisée » des richesses du secteur public transférées au secteur privé. Ils considèrent que les concurrents du marché dérégulé ne sont pas dans une logique d'investissement productif mais plutôt de prédation commerciale[39]. Ils prédisent ainsi que le nouveau dispositif sera préjudiciable pour les consommateurs pris dans le maquis d'offres de fourniture d'électricité illisibles et souvent trompeuses, mais aussi pour le service public et l'intérêt du pays.

39. Le constat de la Cour des comptes quelques années plus tard semble conforter cette anticipation : « La majorité des fournisseurs alternatifs continuant à assurer leur approvisionnement de base avec l'Arenh, ils se trouvent aujourd'hui de fait en situation de dépendance vis-à-vis du dispositif, en contradiction avec l'objectif initial d'autonomisation des nouveaux entrants. » (Cour des comptes, « Rapport public annuel 2015 », Tome 1, Volume 1, p. 187)

Chapitre III
Système électrique et transition bas carbone

Production et consommation d'électricité

Les énergies fossiles dominent la consommation mondiale d'énergie primaire. En 2021, elles représentaient plus de 82 % de la consommation globale, dont un tiers pour le pétrole, un quart pour le charbon et un quart pour le gaz, tandis que les énergies renouvelables et le nucléaire occupaient la portion congrue. La forte demande globale d'hydrocarburants portée par la reprise de la croissance économique mondiale dans la période post-Covid, en lien avec le sous-investissement dans le secteur des énergies fossiles, augure mal la baisse des prix du pétrole et du gaz. Quant à la production mondiale d'électricité, elle est également assurée à plus de 61 % par le charbon, le gaz et le pétrole. Avec 15 % dans le mix électrique et un rôle stratégique dans l'équilibre et la sécurisation des réseaux, la filière hydraulique est la première source d'électricité renouvelable dans le monde.

La consommation énergétique de l'Union européenne représente un cinquième de la consommation mondiale. Elle est composée à plus de 70 % par des sources fossiles, même si la part des énergies renouvelables dans le mix énergétique progresse rapidement pour s'établir à environ 22 % de la consommation finale. Au vu de ses très faibles ressources en pétrole et en gaz (principalement en Norvège et au Royaume-Uni, mais les champs hydrocarbures de la mer du Nord sont en déclin), l'Europe est dépendante des importations massives d'énergie, en provenance particulièrement des pays du Moyen-Orient et de la Russie.

Le taux de dépendance énergétique, qui mesure la part d'énergie importée par rapport au total d'énergie consommée[40], se situe autour de 60 % en moyenne et varie fortement selon les différents pays. En 2019, les taux de dépendance les plus bas concernent l'Estonie (4,8 %), la Suède (30,2 %), la Roumanie (30,4 %) et la Bulgarie (38,1 %). En revanche, pour d'autres États membres, la part des importations nettes d'énergie atteint, et même dépasse les trois quarts de la consommation intérieure globale, comme l'Allemagne (67,6 %), l'Autriche (71,7 %), la Grèce (74,1 %), l'Espagne (75 %) ou l'Italie (77,5 %). Chypre, Luxembourg et Malte dépendent presque exclusivement de sources d'approvisionnent extérieures. Enfin, le taux de dépendance de la France et de la Pologne se situe sous la barre de 50 %, compte tenu de la prépondérance du nucléaire et du charbon dans le mix énergétique respectif des deux pays.

Quant au gaz, l'Union européenne ne produit que 10 % du gaz qu'elle consomme. Le reste de la consommation est importé, acheminé sur des longues distances principalement par des gazoducs (environ 80 % du total), mais aussi, de manière complémentaire, transporté sous forme de gaz naturel liquéfié (GNL) par des navires géants appelés méthaniers. Malgré les tentatives de diversifier les sources d'approvisionnement en gaz, la Russie restait jusqu'en 2021 le principal fournisseur en Europe avec plus de 45 %, bien devant la Norvège, le Qatar ou l'Algérie. Il existait, par ailleurs, de grandes disparités au sein de

---

40. Le ratio de dépendance est un indicateur assez rudimentaire parce qu'il prend uniquement en compte le degré de dépendance des importations, laissant de côté le niveau et la composition de l'approvisionnement en énergie, la résilience d'un système énergétique donné face à des événements exceptionnels et imprévus, l'exposition à des risques géopolitiques, le développement des connexions transfrontalières, etc.

l'Union européenne, avec des pays membres à fort taux de dépendance au gaz russe, comme l'Allemagne (55 %), la Finlande (75 %) ou la République tchèque, et d'autres moins dépendants comme l'Espagne (10 %), la Suède (15 %) ou la France (17 %). Toute cette géopolitique énergétique est profondément bouleversée à la suite du conflit russo-ukrainien et la mise en œuvre des propositions de la Commission pour réduire la dépendance des hydrocarburants russes.

France-Allemagne : le match retour

L'électricité représente environ un quart de la consommation énergétique finale en France. Sa production repose pour les trois quarts sur le parc nucléaire de 56 réacteurs (en attendant le démarrage de l'EPR de Flamanville), le reste étant partagé entre les énergies renouvelables (y compris l'hydraulique qui occupe le premier rang) et les énergies fossiles (notamment le gaz et accessoirement le charbon). Cela implique que plus de 90 % de la production électrique française est assurée par des sources qui n'émettent pas que très peu de gaz à effet de serre. Cette production décarbonée est un grand avantage pour la transition énergétique. Comme le souligne RTE, l'intensité carbone du mix électrique français demeure l'une des plus faibles du monde : avec 36 gCO_2/kWh, elle est six fois inférieure à la moyenne européenne[41]. Au niveau des échanges d'électricité entre pays interconnectés, la France est durablement le pays le plus exportateur d'Europe, avec un solde d'exportations nettes de 43 térawattheures (TWh) en 2021. Cette dynamique a été enrayée en 2022 du fait de la forte diminution de la production électronucléaire, avec un solde importateur net

41. Cf. RTE, « Bilan Électrique 2021 ».

de 16,5 TWh, mais la France est redevenue le premier pays exportateur d'électricité en Europe au premier semestre 2023 avec 17,6 TWh, devant la Suède et l'Espagne.

Le système électrique en Allemagne diffère fondamentalement du modèle français. Les deux pays n'ont pas fait historiquement les mêmes choix industriels en matière de moyens de production électrique, la France ayant privilégié le nucléaire dès le début des années 1970, l'Allemagne ayant opté pour les sources fossiles (couple lignite/houille). Au tournant du millénaire, avec la loi sur la promotion des énergies renouvelables, mise en place en 2000, et la loi de l'abandon programmé de l'énergie nucléaire pour production industrielle d'électricité, entrée en vigueur en avril 2002, l'Allemagne redéfinit sa feuille de route en amorçant son fameux *Energiewende* (le tournant énergétique dont le secteur électrique porte la part prépondérante). L'accident de la centrale de Fukushima au Japon (11 mars 2011) accélère la sortie du nucléaire civil qui représentait 22 % de la production électrique allemande en 2010. Concrètement, le gouvernement d'Angela Merkel adopte une loi prévoyant la fermeture des 17 centrales nucléaires du pays avant la fin 2022 tout en fixant le cap pour une augmentation conséquente de la part des énergies renouvelables intermittentes (notamment photovoltaïque et éolien) permettant de réduire la dépendance des énergies fossiles.

Contrairement à une idée répandue, l'Allemagne n'est pas un pays particulièrement vertueux sur le plan climatique. Loin d'avoir tenu ses promesses fondatrices, le modèle électrique allemand est confronté à de redoutables défis qui risquent d'accentuer sa fragilisation et d'aggraver la pénurie d'électricité dans le futur. Si le développement de l'électricité renouvelable est très important (autour de

40 % de la production) dans un rapport très direct avec la fin programmée du nucléaire, la sortie du fossile (charbon, gaz, fioul), qui représente la composante la plus importante de son approvisionnement énergétique, se fait attendre. En fait, l'intensité carbone de la production électrique allemande demeure très élevée (53 %). En revanche, l'Hexagone s'avère davantage climato-compatible parce qu'il produit, grâce à l'avantage majeur du nucléaire, dix fois moins de gaz à effet de serre par rapport à l'Allemagne[42].

Très marquée par sa culture industrielle charbonnière depuis la fin du 19e siècle, l'Allemagne ne pourra tenir son objectif de remplacer progressivement le nucléaire et le charbon jusqu'en 2030, en perdant potentiellement 50 GW de capacités pilotables, qu'au prix d'une augmentation de la part du gaz dans son mix électrique. Il est intéressant à noter que le gaz, désormais inclus sous certaines conditions dans la taxonomie européenne comme une « énergie de transition », est une énergie fossile responsable de fortes émissions de dioxyde de carbone (CO_2), mais aussi de méthane (CH4), tout au long de la chaîne de valeur, même s'il est moins polluant que le charbon et le pétrole.

Le cas allemand permet d'entrevoir les dangers et les risques d'un découplage de deux sources d'énergie bas carbone, le renouvelable et le nucléaire qui, pourtant, sont compatibles et complémentaires pour lutter contre le changement climatique. Étant très majoritairement basé sur le nucléaire qui permet une haute électrification de l'industrie et des équipements de chauffage, le système électrique français s'avère plus exposé face aux conditions météorologiques extrêmes en hiver[43]. En même temps, il

42. Pour une information en temps réel sur l'évolution des émissions de CO_2 dans le monde, voir le site Electricity Maps.

43. La France est le pays le plus thermosensible d'Europe aux variations de la température au cours de la journée. Le RTE estime que la

bénéficie d'une plus grande sécurité d'approvisionnement, considérée comme une mission fondamentale de service public.

De son côté, le modèle allemand souffre d'une production électrique largement carbonée et d'une vulnérabilité accrue face aux enjeux de la sécurisation énergétique. Malgré l'essor spectaculaire du secteur renouvelable, la forte demande en gaz pour compenser les sources intermittentes de son réseau électrique, en lien avec les grandes difficultés de diversification soutenable de son approvisionnement énergétique suite à la réduction drastique des livraisons de gaz par gazoducs russes, constitue son talon d'Achille. Finalement, l'Allemagne risque de rater ses engagements climatiques de réduire de 65 % les émissions de gaz à effet de serre d'ici la fin de la décennie (par rapport à 1990) tout en ayant un prix de l'électricité pour les ménages largement supérieur à celui de la France.

Péril en la demeure

La confiance béate dans la capacité des marchés de l'énergie à converger spontanément vers l'équilibre est une source majeure d'égarement stratégique et de déperdition économique. Les certitudes libérales ont la vie dure, mais quand elles se heurtent au principe de réalité, c'est la débandade totale. À force d'avoir sous-estimé les nouveaux besoins en électricité liés à la décarbonation des usages, des produits et des services et supprimé des pans entiers de capacités de production pilotables, la France subit une insécurité énergétique grandissante.

---

consommation augmente en moyenne à 2 400 MW par degré Celsius en moins en hiver. Les pointes journalières se produisent le matin, et surtout, le soir, typiquement vers 19h par l'appel cumulé du chauffage, de l'éclairage et de la cuisson.

Le dogmatisme concurrentiel des promoteurs du marché a fait long feu pour assurer la disponibilité ininterrompue de l'approvisionnement en électricité à des prix abordables. Le bilan de l'ouverture à la concurrence se révèle particulièrement « salé ». L'augmentation spectaculaire des tarifs énergétiques rejaillit avec éclat dans la vie quotidienne en comprimant les revenus du travail et en dégradant la compétitivité des entreprises. De même, sur fond de pénurie énergétique, le spectre de coupures de courant non plus résiduelles mais généralisées est pris au sérieux par le gestionnaire du réseau, notamment à l'approche de l'hiver. En l'absence d'une vision élaborée et crédible de la transition énergétique, c'est le rétrécissement de l'offre qui l'emporte. La crise sanitaire de la Covid-19 a mis en évidence tous les manquements cumulatifs du système électrique, en ralentissant même le développement de nouveaux moyens renouvelables dans le cadre des objectifs de la Programmation pluriannuelle de l'énergie (PPE)[44].

L'Europe marche aussi sur le fil du rasoir. La sécurité d'approvisionnement du plus grand importateur d'énergies fossiles au monde est désormais un enjeu politique et géostratégique de premier plan. De nombreux États européens sont embourbés dans le développement massif et subventionné des énergies renouvelables intermittentes en monnayant, à l'instar de l'Allemagne, la « sortie » progressive du charbon ou du nucléaire contre le recours à des centrales à gaz. Il en résulte une période énergétique

44. « Les interruptions de chantiers et les difficultés d'approvisionnement du premier semestre 2020 ont en effet concouru au recul de 22 % des installations de nouvelles capacités d'EnR en 2020. Les volumes d'appels d'offres ouverts par l'État ont aussi été inférieurs de 2,2 GW à la programmation de la PPE. » (Cour des comptes, « Rapport public annuel 2022 », Chapitre 4, L'approvisionnement en électricité, p. 348)

troublée, dégradée et incertaine. En définitive, la dépendance du vieux continent aux livraisons de gaz russe et son impact désastreux sur la sécurité de l'approvisionnement électrique éclatent au grand jour. De ce point de vue, le constat établi par Margrethe Vestager, vice-présidente de la Commission européenne, sur le caractère opportuniste et court-termiste du modèle énergétique européen est particulièrement éloquent :

> « Notre industrie s'est beaucoup construite autour de l'énergie russe avant tout car elle n'était pas chère. Idem avec la Chine, pour de nombreux produits, ou avec Taïwan, pour les puces, où nous sommes avant tout allés chercher des coûts de production plus bas. Mais derrière toutes ces économies, il y avait une grosse prime de risque – la dépendance – que nous payons aujourd'hui. La leçon à tirer, c'est qu'il faudra désormais plutôt payer une prime à la sécurité. Nous devons diversifier notre approvisionnement et cela aura forcément un coût. Le gaz naturel liquéfié (GNL), par exemple, sur lequel nous allons devoir davantage miser, sera plus cher. Mais avec ces coûts viendront la stabilité et la prédictibilité, qui amèneront des investissements. »[45]

Toutefois, le point aveugle de ce raisonnement est d'abord sa dimension temporelle. En fait, la diversification de l'approvisionnement en gaz et en pétrole de l'Union européenne prendra beaucoup de temps compte tenu du contexte géopolitique imprévisible et du manque d'infrastructures portuaires et techniques pour acheminer le gaz naturel liquéfié. À titre indicatif, il faut deux à trois ans pour construire un terminal méthanier terrestre. Encore

---

45. Entretien avec Margrethe Vestager, « Avec l'énergie russe, l'Europe n'a pas été naïve, elle a été cupide », *Les Échos*, 25 mai 2022.

faut-il souligner que s'émanciper du giron russe en se tournant vers des importations de gaz liquéfié américain aux conséquences environnementales décuplées est loin de résoudre les problèmes de souveraineté et de résilience énergétique. Paradoxalement, plus l'Europe investit dans le renouvelable intermittent, plus elle est dépendante du gaz.

Il en résulte l'explosion de la facture des hydrocarburants qui menace de freiner la transition énergétique en inversant l'ordre des priorités de la lutte contre le changement climatique. Sans oublier la fragilisation des réseaux de transports et de distribution d'électricité au niveau européen dont les infrastructures nécessitent des investissements massifs et permanents pour pouvoir intégrer les nouvelles capacités d'électricité renouvelables mises sur le marché. On peut donc douter que le paysage énergétique dans les prochaines années sera davantage « solide » et « prédictible ». Toutes les mesures d'urgence censées répondre à la crise énergétique sont des tentatives ponctuelles et limitées pour soulager les difficultés des consommateurs et des entreprises sans s'attaquer à la principale cause de la crise actuelle : s'engager dans la transition énergétique sans sécuriser au préalable l'approvisionnement énergétique.

Gérer la pénurie électrique

Une question anxiogène hante toute l'Europe, et la France en particulier : manquer d'énergie. La crainte de connaître des disruptions d'approvisionnement exacerbées se cumule avec l'angoisse de la facture énergétique qui explose. Après presque un demi-siècle de service public de l'électricité sans rationnement ni coupures, le spectre de la panne générale d'électricité ressurgit de manière inattendue[46]. La pénurie de l'offre appelle à la retenue de la demande. « Sobriété », tel est le maître-mot d'une stratégie d'atténuation-consolation qui reporte vers le consommateur au bout de la chaîne toutes les défaillances et les errements des politiques de la libéralisation. En fait, les tensions qui traversent le système électrique suscitent de vives inquiétudes sur les ressources dont dispose le pays pour faire face aux pics de consommation, surtout en période hivernale. Comme le constate Philippe Page Le Mérour, secrétaire du CSEC d'EDF SA :

> « Le risque de pénurie d'électricité, voire de délestage est désormais annoncé par RTE. Le modèle productif fondé en 1946 pour répondre à la consommation énergétique du pays en adaptant la production à la demande en consommation n'est plus d'actualité, hélas ! Aujourd'hui, dans un renversement de situation, on tente péniblement d'adapter la consommation à la production. Au moment où tout le monde s'empresse à afficher son soutien à la réindustrialisation du pays, la question de l'énergie est décisive. Il n'est pas nécessaire d'avoir fait des études supérieures en physique pour savoir que ni le marché, ni les lois, ni les décrets ne produisent d'électrons en l'absence de moyens de production. Cela implique de s'opposer au marché actuel qui fonctionne en faveur des énergies renouvelables sponsorisées alors que personne n'investit dans les moyens pilotables. Ainsi le constat est fait, sans surprise, de voir le marché ne pas se soucier de

---

46. La dernière panne géante en France remonte au 19 décembre 1978. À la suite d'une cascade de disjonctions de lignes à très haute tension, le pays entier était privé de courant pour plusieurs heures, hormis certaines régions desservies par des interconnexions frontalières.

sécuriser l'approvisionnement d'un produit pourtant de première nécessité ! »[47]

Les déficits structurels de production mettent à mal la régulation du système global. Les risques de situations de défaillance où le gestionnaire de réseau devrait activer des leviers exceptionnels pour assurer l'équilibre entre offre et demande d'électricité sont élevés[48]. La diminution drastique des moyens de production pilotables au cours des dernières années aboutit à l'absence de marges du système électrique. La même tendance d'érosion que l'on observe au niveau de l'Union européenne fragilise les possibilités de secours interfrontaliers en situation de pointe de consommation d'électricité. À cela s'ajoute la faible disponibilité du parc nucléaire liée à des arrêts prolongés pour cause de maintenance (travaux du Grand Carénage, visites décennales) ou pour des problèmes techniques non anticipés de corrosion sous contrainte qui touchent plusieurs centrales nucléaires[49].

Il est essentiel de souligner à cette occasion, à côté de la fermeture des deux réacteurs à eau pressurisée de Fessenheim d'une puissance unitaire de 900 MW, la

---

47. Philippe Page Le Mérour, « La filière électronucléaire entre service public et soumission au marché », *Progressistes*, n °31, janvier-mars 2021, entretien réalisé par l'auteur.
48. Le critère de sécurité d'approvisionnement en vigueur stipule que la durée moyenne de défaillance annuelle est inférieure à trois heures et que la durée moyenne de recours au délestage est inférieure à deux heures. Selon le Code de l'énergie, les moyens exceptionnels incluent « l'appel aux gestes citoyens, la sollicitation des gestionnaires de réseaux de transport frontaliers hors mécanismes de marché, la dégradation des marges d'exploitation, la baisse de tension sur les réseaux, et en dernier recours, le délestage de consommateurs ».
49. En 2022, la production de la filière nucléaire atteint son niveau d'étiage (279 TWh contre 430 TWh en 2005). La baisse est environ d'un tiers par rapport à la moyenne des vingt dernières années.

liquidation politiquement programmée des centrales thermiques à combustible fossile, avec la suppression d'une dizaine de GW depuis 2012. Pourtant, ces centrales fonctionnaient comme une police d'assurance tous risques pour réguler les pointes de consommation. On pourrait s'étonner du manque de prévoyance et de précaution des décisions prises une décennie auparavant qui apparaissent, à présent, absurdes et infondées. En définitive, liquider des moyens de production pilotables sans aucune certitude sur l'évolution de la demande d'électricité à moyen et à long terme ne serait-il pas une manière de se dédouaner à peu de frais des responsabilités et des obligations envers l'avenir ?

« On a été traité comme inexistants »

Les fermetures des tranches charbon et fioul du parc thermique à flamme en France ont été justifiées par le vieillissement des installations et le coût élevé de maintenance dans une perspective nationale de lutte contre les émissions de gaz à effet de serre et les risques environnementaux et sanitaires de la pollution. On peut notamment évoquer, parmi d'autres, les unités de production (UP) d'Aramon (dans le département du Gard, deux tranches fermées en avril 2016), de Cordemais (Loire-Atlantique, deux tranches fioul fermées en 2017 et 2018, les deux tranches charbon étant menacées mais toujours en activité), de Porcheville (Yvelines, quatre tranches fermées en 2017) ou du Havre (Seine-Maritime, la dernière tranche charbon ayant été mise en arrêt en mars 2021).

Le changement de la politique d'EDF à l'égard de la production thermique a été brutal. Autrefois, il y avait une grande fierté de travailler dans ces centrales. EDF dont la mission est de répondre aux besoins énergétiques du pays avait mis des moyens conséquents pour sécuriser le système de production électrique national. Flexibles et réactives, capables de produire de l'électricité très rapidement, indispensables pour garantir l'équilibre du réseau et maintenir la qualité du courant, les centrales thermiques constituaient une composante essentielle du mix énergétique d'EDF. Les « thermiciens » étaient confortés dans leur rôle gratifiant de « pompiers » du réseau, en attendant d'être appelés pour une « mission de sauvetage ».

Or, depuis la fin des années 2000 et la diminution des appels de pointe électrique, l'inquiétude que le vent est en train de tourner gagne les esprits. La conduite du changement prend des allures de conduite de virage. La percée de la gestion financière l'emporte sur la logique de la performance globale pour l'intérêt général. Tout ce qui coûte sans « rien » apporter à l'entreprise est à comprimer, à diminuer, à supprimer.

Dans le décor morose d'un monde industriel en perdition, les salariés des sites concernés ne peuvent qu'espérer finir la partie, en s'accrochant au Graal de la reconversion professionnelle, avant la tombée du rideau. Les effectifs du thermique s'amenuisent comme une peau de chagrin. Et la spirale du déclin n'a pas eu de cesse de s'accélérer. Il est instructif de lire rétrospectivement l'extrait d'entretien ci-dessous avec un élu du Comité d'entreprise de l'UP de Cordemais au moment de la fermeture de deux tranches fioul de cette centrale :

« Les tranches fioul représentent 5 000 MW, tout compris. C'est 5 % de la production française. C'est presque les seules tranches programmées avec une énergie stockable. Je pense que c'est une grande erreur de liquider le fioul, notamment par rapport au nucléaire. Le Grand Carénage va durer beaucoup de temps. On risque de tomber sur des aléas. Il se peut aussi qu'on arrivera à rénover 40 réacteurs et non pas 58, c'est-à-dire ceux qui sont sûrs, fiables et récents. D'ailleurs, on ne sait pas prévoir l'évolution de la consommation. On n'était pas capable d'anticiper une baisse, qui est capable d'anticiper une hausse ? On a des entreprises capitalistiques avec des investissements à très long terme et on prend des décisions sur trois mois de marché. [...] Un jour il arrivera un black-out et on aura un retour du balancier. Deux jours sans courant, même sur une région, c'est une catastrophe. Enfin, on ne peut pas avancer l'argument environnemental pour ces tranches-là. C'est probablement les tranches les moins polluantes en France. Et pour cause, elles ne tournent pas. Par contre, c'est l'assurance la moins chère en termes de puissance installée. Le maintien des six tranches fioul d'ici 2023, c'est moins de 1 % du budget du Grand Carénage. »[50]

À défaut d'avoir investi par anticipation dans des capacités de production de pointe pour éviter d'éventuelles coupures, le modèle énergétique français atteint ses limites, sinon son point de rupture. Il apparaît saturé, voire sous-dimensionné. D'où l'urgence de se mobiliser sur tous les fronts pour réaliser des économies d'énergie et améliorer l'efficacité énergétique des équipements et des bâtiments.

Certes, la démarche n'est pas totalement nouvelle. Les incitations pressantes à économiser l'essence, l'électricité et le chauffage remontent cinquante ans auparavant, en réaction notamment au choc pétrolier de 1973. Notons aussi que bien avant la mise en place du système des certificats d'économie d'énergie en 2005, EDF avait érigé la maîtrise des dépenses d'énergie comme un marqueur majeur de la responsabilité sociale et environnementale de l'entreprise à travers des initiatives d'information et de conseil au public, des actions de rénovation énergétique de l'habitat ou des partenariats de solidarité territoriale avec les communes. À cette nuance près, que les appels gouvernementaux actuels à la « sobriété » et à la « consommation ajustée » se déroulent dans un contexte exacerbé par les flambées des prix et tétanisé par les annonces glaçantes sur la « fin de l'abondance ».

D'où une injonction à double tranchant. D'une part, sensibiliser les ménages, les entreprises et les collectivités locales en matière d'optimisation énergétique en encourageant les comportements vertueux. D'autre part,

---

50. Entretien réalisé par l'auteur en avril 2016, cité dans Michel Vakaloulis, *Restructurations industrielles et enjeux sociaux et professionnels à l'UP de Cordemais*, Rapport d'étude, Comité d'entreprise de l'UP de Cordemais, 2016.

hiérarchiser les utilisations à satisfaire en fonction des moments critiques de consommation et des conditions météorologiques qui jouent un rôle déterminant dans le risque de coupures. Compte tenu de l'écart entre la puissance nominale installée et le taux de charge global, il est évident que l'augmentation de la proportion des énergies renouvelables non pilotables dans le mix énergétique est un facteur supplémentaire de fragilisation de la sécurité d'approvisionnement.

Entre priorités et renoncements

Dans ce contexte mouvant et contraignant, comment redonner des marges au système électrique ? Désormais, c'est surtout du côté de la demande que l'effort d'ajustement est attendu. Le changement de paradigme implique de flexibiliser la consommation plutôt que de miser sur le développement de surcapacités de production d'électricité. Pour se soustraire à d'éventuelles défaillances, des mesures exceptionnelles sont mises en route de manière préventive par les pouvoirs publics en s'appuyant sur les innovations technologiques et les « réseaux intelligents » de la transition énergétique : plans de « sobriété », « effacement » de consommation en cas de déséquilibre offre-demande d'électricité, et en dernier recours, pilotage d'urgence (« délestage ») pour éviter la saturation de l'alimentation électrique.

Différents leviers sont prévus pour gérer les moments de tension du réseau électrique, à l'instar de la plateforme d'alerte Ecowatt lancée par RTE pour avertir en temps réel le public et les entreprises des pics énergétiques à même de mettre à mal l'alimentation. Ce système de « météo de l'électricité » présente des prévisions de consommation d'électricité sur les trois jours à venir à travers des signaux clairs (allant du vert au rouge). Il est conçu par ses promoteurs à la fois comme un dispositif incitatif à la « modération » (réduire ou décaler la consommation d'électricité) et comme un moyen « pédagogique » pour accompagner la transition énergétique dans une optique d'agir ensemble « responsable ».

Toutefois, aussi légitimes, voire indispensables soient-elles les mesures d'économies et d'efficience d'énergie pour atteindre les objectifs de la transition, il est illusoire de considérer que la consommation d'électricité baissera significativement à moyen et à long terme. Au contraire, l'électrification massive des usages sociaux et des procédés industriels, l'essor des équipements électroménagers et numériques, le développement de la mobilité électrique sont des tendances lourdes et structurantes de la consommation globale. La décarbonation de la société requiert un accroissement significatif des équipements électriques à la place des équipements thermiques. La perspective de remplacer les énergies fossiles et de parvenir à la neutralité carbone en 2050 ne peut ainsi que renforcer le poids de l'électricité à la fois en termes de volume et en proportion dans la consommation énergétique.

Il en est de même de l'extrapolation selon laquelle les énormes coûts pour rénover et isoler les bâtiments seraient compensés par des économies ainsi engendrées qui payeront en différé les sommes investies. La déception risque d'être de rigueur, tant il est vrai qu'un tel niveau d'économies d'énergie manque manifestement de financements permanents et abondants. Malgré les efforts consentis pour réduire la consommation en chassant les gaspillages, et même en renonçant à certains conforts de la vie collective, le compte n'y est pas, en particulier sur le bilan financier. Les ménages les plus exposés à la précarité énergétique ou les territoires les plus pauvres sont en première ligne de ces difficultés. Le témoignage ci-dessous d'un maire rural illustre les contraintes budgétaires qui pèsent sur l'économie locale tout en contredisant l'idée reçue que les départements ruraux seraient « à la traîne » de la transition énergétique :

> « Les efforts que nous avons faits, en coupant l'électricité la nuit, en isolant les bâtiments, permettent juste de ne pas avoir vu une augmentation raisonnée des factures. On a l'impression d'avoir la double peine. On est vertueux, plutôt bon élève, et de l'autre côté, il n'y a pas de plus-value si ce n'est de consommer moins pour la planète. On a fait une étude globale en 2020 pour toutes les communes de passer à l'éclairage LED sur les éléments qui étaient vraiment défectueux. On est en train d'engager un travail de fond sur le département. Au niveau d'Auvergne-Rhône-Alpes, on est tous sur une même démarche de passer tout de suite en LED, de résorber tout ce qui était équipement vieillissant. Le but étant, au-delà de réduire l'empreinte carbone, de réduire aussi la consommation d'énergie et les coûts pour nos collectivités et nos utilisateurs. Les territoires ruraux sont plutôt en avance sur ce genre de choses, sur ces avancées qui sont encore règlementaires. Mais c'est très frustrant d'avoir été plutôt bon élève, plutôt dans une démarche vertueuse, et à l'arrivée, de ne pas avoir pu dégager d'argent qui permettrait d'aller plus vite. »[51]

Une production électrique désoptimisée

Vantée par Bruxelles et ses partenaires européens comme une opportunité pour supprimer les rentes, stimuler l'innovation et garantir des prix bas, la libéralisation de l'électricité est un saisissant contre-exemple par rapport aux

51. Entretien avec Sébastien Gouttebel, vice-président national de l'Association des Maires Ruraux de France [AMRF], réalisé par l'auteur.

objectifs affichés. Au lieu de bénéficier systématiquement aux consommateurs, le règne de la concurrence tend à transférer les risques de marché sur le client final. Sous l'injonction de la sobriété énergétique, des pratiques commerciales de pilotage « flexible » de la demande d'électricité ne cessent de se renforcer, comme l'illustre la prolifération de contrats d'engagement d'effacement ou d'offres de tarification dynamique pour adapter la consommation en fonction des variations journalières et infrajournalières des prix.

La tarification dynamique

La tarification dynamique est un outil de gestion « intelligente » de la demande pour fluidifier le marché au maximum. C'est un mode de facturation adapté aux compteurs Linky. Son principe est simple : il s'agit de souscrire un contrat auprès d'un fournisseur d'énergie qui stipule la variation du tarif d'électricité en fonction des horaires de consommation journalière. Le but est de pousser le client à différer une partie de sa consommation sur le créneau le moins cher. Ce qui rend possible la tarification dynamique, c'est la part croissante des énergies renouvelables. Plus il y a d'énergies renouvelables, plus le caractère de la production est volatil. Jusqu'à maintenant, il fallait adapter la production d'énergie d'électricité à la consommation. Avec la tarification dynamique, il s'agit de faire l'inverse. On passe d'une culture de l'offre à une culture de la demande.

***

« En Espagne, il y a un tiers de la population qui a opté pour les tarifs dynamiques. Donc, vous voyez les journaux marquer le prix de l'énergie pour le lendemain. Il y a un tiers des gens qui ont choisi cette formule, notamment poussés par le côté écolo. Il faut bien le dire. Si vous souscrivez auprès d'un opérateur alternatif qui vous garantit une énergie verte, alors cet opérateur aura encore plus intérêt à vous vendre de la tarification dynamique pour vous pousser à différer votre consommation. Si vous n'avez pas le chauffage électrique et que vous êtes capable de maîtriser complètement la consommation, vous pouvez y gagner, tant qu'il n'y a pas de flambée. C'est pour ça que ceux qui commercialisent les offres de tarification dynamique ont prévu de les faire surtout pendant l'été en disant, "regardez, en ce moment, le tarif réglementé, c'est tant, vous pouvez en gagner". Mais quand tout le monde fait la demande dans le même temps, parce qu'il y a eu un pic de froid ou une pénurie d'essence, plus personne ne maîtrise rien. On a des exemples aux États-Unis quand il y a eu un problème sur les plateformes pétrolières ou après un ouragan où les prix se sont complètement envolés et les gens se sont retrouvés avec des milliers de dollars de factures. »[52]

Face à l'urgence climatique, ne pas dépenser inutilement l'énergie devient désormais un impératif de survie. Cependant, aussi nécessaires soient-elles les incitations et les mesures pour une gestion « économe » et « rationnelle » des usages d'énergie, y compris dans le but de sensibiliser le public et de réduire la facture d'électricité des ménages et des entreprises, elles ne peuvent pas pallier les manquements et les défaillances du côté de l'offre qui ont provoqué une pénurie d'énergie continue et exacerbée. Dans leur très grande majorité, les fournisseurs alternatifs n'avaient ni les moyens ni la volonté d'investir dans un secteur dominé par un opérateur monopolistique performant et dont les retours sur investissement s'étalent sur la longue durée. La libéralisation dans les pays européens où il y avait plusieurs producteurs importants d'électricité n'a pas été forcément un séisme, mais dans les pays où il n'y avait qu'un seul opérateur dominant, cela ne

52. Entretien avec David Rousset, secrétaire général de l'Association Force Ouvrière Consommateurs (AFOC), réalisé par l'auteur.

pourrait entraîner qu'une désoptimisation. Sauf si l'opérateur historique était défaillant. Mais ce n'était pas le cas de la France.

En l'absence de création d'outils de production propres, hormis quelques modestes exceptions dans l'éolien ou le photovoltaïque, les nouveaux arrivants sont restés de simples intermédiaires de vente. Sans produire le moindre KWh, ils ont vampirisé le quart de la production électronucléaire, cédé en vertu du dispositif Arenh à des prix fixes hors marché. Sans avoir la même structure de coûts commerciaux qu'EDF, ils ont réussi à dégager leurs marges non pas en baissant leurs prix d'électricité, mais en imposant à EDF d'augmenter ses propres tarifs réglementés. Dans cette séquence qui s'étale sur deux décennies, l'erreur du politique est fondamentalement stratégique. « En favorisant la multiplication des compagnies d'électricité sans centrales, via le dispositif Arenh, les pouvoirs publics français ont réalisé une version “électricité” de la théorie mortifère de l'industrie sans usines. »[53]

Le coût de la défaillance

Depuis les débuts de la libéralisation, le secteur électrique européen s'est profondément transformé. L'introduction de la concurrence, graduelle mais inexorable dans ses effets polarisants et contre-productifs, les choix controversés en matière de politique climatique, l'arrivée massive sur les réseaux d'énergies renouvelables entraînant de fortes distorsions du marché, et surtout, les divergences de politique énergétique entre les États européens révèlent un paysage disparate et incertain. Le marché européen de l'électricité est en train de se dégrader en accroissant les

53. Cf. Emma Legrand, « EDF et les quatre-vingts concurrents », *Lettre géopolitique de l'électricité*, n °114, 29 décembre 2021.

risques de rupture d'équilibre. On pourrait même douter, comme le formule André Merlin[54], de l'existence d'*un seul* marché de l'électricité en Europe plutôt que de la coexistence de « plusieurs marchés nationaux couplés les uns aux autres », la responsabilité de déterminer le mix énergétique revenant toujours aux États membres.

En tout état de cause, il est peu probable de voir converger dans un horizon prévisible les politiques énergétiques des États européens. Chaque pays agit à sa guise, en fonction de sa position géographique, de sa culture historique ou de son acceptabilité sociale. Au lieu de promouvoir l'intégration des politiques énergétiques nationales, la libéralisation a déstabilisé les systèmes nationaux en accentuant les inégalités économiques et les déséquilibres sociaux. En ce sens, il est difficile d'admettre l'existence d'une politique énergétique *commune* en Europe. Il y a, évidemment, un socle de préoccupations partagées autour de trois objectifs conjoints qui sont la sécurité de l'approvisionnement, l'efficacité économique et la protection de l'environnement. Mais en dehors de ce socle minimal, les objectifs, les stratégies et les moyens déployés par chaque État se présentent en ordre dispersé.

Un exemple particulièrement marquant. Quand l'Allemagne a annoncé, quelques jours après l'accident de Fukushima lors d'une conférence de la chancelière Angela Merkel, de sortir définitivement du nucléaire tout en faisant le pari du gaz pour sa transition énergétique, elle ne s'est pas préoccupée ni des réactions de ses voisins ni des conséquences sur le système électrique européen. En faisant de ses propres choix en faveur du renouvelable la norme du mix énergétique exportable dans toute l'Union européenne, elle s'est efforcée sans relâche, par le biais de Bruxelles, de

54. Cf. André Merlin, fondateur et premier Président de RTE, « Nucléaire : Il faudrait 50 EPR d'ici à 2060, un scénario 100 % renouvelables n'est pas réaliste », *La Tribune*, 16 février 2022.

démanteler EDF en tant qu'opérateur public dominant et de défaire la filière électronucléaire qui représente un atout compétitif majeur de la France.

Interconnexions électriques

Les interconnexions physiques permettant d'échanger de l'électricité entre les différents pays membres préexistent à la création du marché européen. Les concertations sur les grands projets d'interconnexion du continent pour uniformiser les tensions des réseaux de transport et faciliter les échanges transfrontaliers à travers des contrats d'exportation d'électricité de gré à gré commencent au lendemain de la Seconde Guerre mondiale. La mise en place de l'Union pour la coordination de la production et du transport de l'électricité (UCPTE), par huit pays fondateurs, dont la France, est un grand pas vers l'amélioration de la communication et des capacités d'échanges d'électricité entre les opérateurs de réseaux.

Il est à noter que la première interconnexion des réseaux français, allemands et suisses date de 1967, bien avant le Traité de Maastricht (1992). Même si l'ouverture à la concurrence a permis de stimuler et d'amplifier les échanges d'électrons entre les États membres, il existe d'importants freins techniques qui limitent les capacités physiques d'interconnexion des réseaux électriques.

De ce point de vue, plutôt que de focaliser sur un marché européen de l'électricité aux contours hypothétiques et indéfinis, il serait pertinent de revisiter la notion de « marché pertinent » qui désigne l'espace territorial où se trouvent les fournisseurs qui sont accessibles au consommateur national. Pour le cas français, le marché pertinent de l'électricité déborde les frontières nationales et s'étend sur la plaque France/Allemagne/Benelux. Ce changement d'échelle impliquerait qu'EDF, ne détenant pas plus que 25 % des parts de marché dans la nouvelle configuration territoriale, cesse d'être considérée « en position dominante » pour retrouver les libertés fondamentales de l'économie de marché.

Décidément, le marché européen de l'électricité est à la dérive. Le bilan à tirer de la libéralisation du secteur de l'énergie est globalement négatif en matière de sécurité d'approvisionnement, de précarité énergétique en hausse et d'extrême volatilité des marchés spot européens de court terme liée à des comportements spéculatifs qui brident l'investissement productif et la création d'emploi. En fait, la formation du prix du marché de gros de l'électricité est décorrélée du coût moyen de production. Elle est alignée sur le coût marginal, c'est-à-dire sur le coût de la dernière capacité de production activée, selon le principe de la préséance économique (ordre des coûts croissants), pour assurer l'équilibre entre l'offre et la demande. Les énergies renouvelables non pilotables (le solaire et l'éolien) sont prioritaires, ensuite viennent l'hydraulique et le nucléaire, et en cas de forte demande, les unités thermiques à combustion qui sont les plus onéreuses, dont les cycles combinés gaz (CCG). Le coût marginal est indépendant des autres sources d'énergie utilisées pour produire de l'électricité, même si elles sont largement majoritaires. Dans un marché ouvert, c'est le prix de la dernière offre de fourniture qui détermine le prix de la totalité de l'électricité vendue, et partant, qui fait le prix du marché.

Il est évident que dans ce type de fonctionnement, les indications de prix manquent de contenu informationnel et de valeur prédictive des prix futurs pour servir de signaux de marché permettant d'orienter l'activité économique. Autant dire que la volatilité et l'imprévisibilité des prix spot d'électricité ne sont pas des caractéristiques conjoncturelles mais structurelles. La flambée des prix et l'instabilité du marché de gros électrique ne sont imputables ni à l'augmentation de la demande (qui reste très modeste) ni à la hausse du coût de production des installations d'électricité (plutôt stable), mais aux tribulations de la tarification au coût marginal. Face à la crise énergétique actuelle qui révèle les fragilités majeures de la « dérégulation », il est impératif de maîtriser le mix énergétique sombre en carbone et de mettre à plat le fonctionnement du marché européen de l'électricité en découplant le prix de l'électricité de celui du gaz.

Chapitre IV
Les énergies « vertes » sont-elles vertueuses ?

La promotion des énergies renouvelables en France s'est développée, pour une grande partie, sur la base d'une opposition binaire avec la filière nucléaire. Selon une vision simpliste et excessivement optimiste, la montée en puissance du renouvelable allait compenser la fermeture des centrales pilotables, aussi bien thermiques que nucléaires, tout en préservant une composante fossile (principalement des cycles combinés gaz) comme énergie d'appoint. Dans cette espèce de séparatisme énergétique, le soutien aux énergies renouvelables s'accompagne, tacitement ou explicitement, d'une posture antinucléaire fondée sur la peur d'accidents et de catastrophes nucléaires. Par quoi pourrait-on remplacer la baisse drastique du nucléaire et des moyens de production décarbonés et pilotables dans le mix électrique tout en palliant l'intermittence des EnR ? Par la « sobriété » énergétique, l'« optimisation » de la consommation via les *smart grids*, le stockage de la production d'électricité excédentaire faisant appel à une production d'hydrogène par électrolyse, puis par les mécanismes d'ajustement flexible (« foisonnement » des productions éoliennes interconnectées de zones climatiques différentes, « délestage » et « interruptibilité », voire « effacement » en cas de tension du réseau).

EnR, une appellation incontrôlée ?

Les énergies renouvelables recouvrent plusieurs types d'énergie qui sont alimentés par le vent, le soleil, la géothermie, les marées, les chutes d'eau ou le débit des fleuves. L'emploi même du vocable « renouvelables » est problématique dans la mesure où ces énergies ne présentent aucune homogénéité réelle. En l'absence de critères de définition rigoureux, leur énumération reste floue et facilement extensible[55]. Malgré leur réputation d'être écologiquement soutenables, leurs caractéristiques physiques, leur mode d'exploitation et leur impact environnemental global présentent de nombreuses divergences dans leur complémentarité. Le vent qui souffle et une réserve de bois ne sont pas des paquets d'énergie équivalents. Les panneaux photovoltaïques des parcs solaires et l'hydroélectricité n'ont pas les mêmes effets polluants.

Certaines énergies renouvelables sont pilotables, c'est-à-dire adaptables en fonction des besoins de la demande effective. C'est notamment le cas de l'hydraulique de barrage dont l'exploitation est facilement programmable. D'autres énergies sont intermittentes, comme l'éolien et le solaire, ce qui implique une fluctuation de leur production au cours de la journée sans possibilité de les contrôler puisqu'il s'agit de variations de phénomènes naturels comme le mouvement cinétique du vent ou le rayonnement du soleil. Cette fluctuation compromet leur constante disponibilité. À l'opposé des hydrocarburants et du nucléaire qui sont des énergies concentrées, les énergies renouvelables qui viennent de l'atmosphère sont extrêmement diluées. Leur production n'implique aucune

55. « On voit que la liste peut considérablement varier en extension selon qu'elle comporte ou non l'hydroélectricité, le bois, la méthanisation et surtout le nucléaire, sans que l'on dispose de critères parfaitement clairs pour opérer ou non l'inclusion ou l'exclusion. » (Hervé Dumez, Sandra Renou, « Les énergies renouvelables existent-elles et peut-on piloter la transition énergétique ? », *Annales des Mines*, n° 34, 2018/4, p. 5.

rupture technologique pour assurer la transition énergétique puisqu'il ne s'agit pas d'énergies nouvelles, elle pose surtout un grand problème de dimensionnement des surfaces exploitables et de mise à l'échelle des équipements opérationnels. Il est caractéristique que les parcs éoliens et solaires ont besoin pour leur déploiement entre 400 et 700 plus de place que les parcs nucléaires pour la production du même volume d'électricité.

En 2021, la puissance installée en France a atteint 139,1 GW tandis que la production électrique totale s'élève à 522,9 TWh. Le nucléaire, qui représente 44 % (61,4 GW) de la capacité totale du parc français, est à l'origine de 69 % de la production totale française (360,7 TWh). L'hydraulique, avec 18,5 % (25,7 GW) de puissance installée, a produit 12 % de la production totale (62,5 TWh). Avec 13,5 % (18,8 GW) de puissance installée, le parc éolien terrestre a produit 7 % de la production totale (36,8 TWh). Avec 9,5 % (13,1 GW) de puissance installée, le parc solaire a produit 3 % de la production totale (14,3 TWh). Quant au thermique fossile, qui représente 13 % (17,9 GW) de la capacité totale du parc français, il a produit 7 % de la production totale (38,6 TWh). Ces données de RTE illustrent bien le décalage entre la puissance installée des différents types d'énergie et la production électrique correspondante.

Une autre comparaison mérite d'être mentionnée. Alors que la puissance des installations d'énergies renouvelables en Allemagne représente 61,15 % de la puissance totale nette du secteur électrique (137,7 sur 225,2 GW) en 2021, la production d'électricité « renouvelable » (y compris hydraulique dont la part est marginale) s'établit à 40,6 % de la production totale brute (237,6 sur 585,5 TWh). Inversement, avec une capacité installée de 38,85 % du total, le secteur d'énergies conventionnelles (principalement lignite, charbon et gaz) a produit durant la même période 59,4 % de l'électricité totale.

Les choix relatifs à la composition des différentes sources d'énergie et à la structure générale de l'approvisionnement énergétique relèvent des prérogatives de chaque État européen[56]. Toutefois, l'Union européenne s'immisce de plus en plus dans la détermination de ces choix en faisant valoir les enjeux du changement climatique et de l'indépendance énergétique[57]. Sous les injonctions de la Commission, elle pousse systématiquement à l'essor des énergies renouvelables, en gardant le silence, voire en faisant l'impasse sur le rôle fondamental du nucléaire dans la transition énergétique, en particulier dans certains pays dont la France. En assimilant de façon abusive les énergies décarbonées aux seules sources renouvelables, elle promeut et universalise le système électrique allemand, érigé en modèle sur le front écologique alors qu'il est le principal responsable de la crise énergétique actuelle.

L'essor fulgurant des énergies renouvelables soulève de multiples problèmes qui méritent d'être abordés dans leur enchevêtrement. Parmi les « questions qui fâchent », et qui sont d'ordinaire refoulées par le discours des promoteurs de la décroissance, figurent les enjeux liés à l'intermittence, à l'empreinte environnementale et aux nouvelles formes de

---

56. Selon l'article 194-2 du Traité sur le fonctionnement de l'Union européenne.

57. « L'Union européenne a confondu le but, baisser ses émissions [de CO_2], avec un moyen, le développement des énergies renouvelables. Celui-ci a connu une mutation passée inaperçue : deux sources, le solaire et l'éolien, ont quasiment chassé les autres renouvelables. Or, solaire et éolien, malgré 600 milliards d'euros d'investissements, ont produit en 2018 au mieux 3 % de l'énergie européenne. Solaire et éolien seuls ne sont pas à la hauteur du problème. » (Emma Legrand, « Le secteur électrique européen : les deux échecs », *Lettre géopolitique de l'électricité*, n °89, 30 janvier 2019)

dépendance, à l'adaptation onéreuse des réseaux électriques et à la maîtrise des coûts induits.

Le piège de l'intermittence

Les énergies renouvelables sont réputées constituer l'épine dorsale de la transition énergétique. Leur développement a été progressivement représenté comme une solution efficace pour répondre aux défis climatiques et sécuriser l'approvisionnement énergétique par le biais de sources domestiques. Il est vrai qu'elles offrent d'importants avantages en permettant de diversifier le mix énergétique et de réduire la dépendance aux importations d'énergies fossiles. Acteur stratégique de décarbonation de l'économie au vu de leur faible impact sur l'environnement, elles seraient aussi vecteur de souveraineté énergétique en produisant localement. Toutefois, à l'encontre de l'idée répandue que les énergies renouvelables non pilotables seraient par définition climato-compatibles, le bilan carbone devient plus ambivalent, particulièrement pour le photovoltaïque, si l'on considère toute la chaîne de création de valeur. Comme on peut le lire dans une note du Haut-Commissariat au Plan qui alerte sur l'occultation des contraintes et sur l'immense travail de programmation qui reste à faire dans le cadre de la transition énergétique :

> « Les cellules photovoltaïques utilisées pour les panneaux solaires installés en France sont pour la plupart produites à l'étranger, notamment en Chine. Leur fabrication suppose le raffinage de silicium à très haute température, donc avec une forte consommation d'énergie, qui est essentiellement aujourd'hui en provenance de centrales thermiques à charbon et n'est donc en rien décarbonée. Dès lors, le gain environnemental résultant de la production électrique d'origine solaire est incapable de

> compenser les émissions entraînées par cette fabrication. Au terme de la durée de vie de ces panneaux (quelque 25 années de production), le bilan total des émissions tout au long du cycle de vie est probablement défavorable. Seuls des processus de production de ces cellules à base d'électricité décarbonée (donc essentiellement nucléaire) pourraient conduire à un bilan carbone favorable à l'usage de ces cellules. Il apparaît donc en réalité, que sous couvert de promesses optimistes, nous nous dirigeons vers un certain nombre d'impasses extrêmement préoccupantes pour l'avenir. »[58]

La variabilité et l'imprédictibilité des flux d'énergie renouvelable non pilotable ont de lourdes conséquences sur la stabilité du réseau électrique. Ces conséquences risquent de s'accentuer avec l'essor programmé du solaire et de l'éolien conformément aux objectifs de la Programmation pluriannuelle de l'énergie (PPE). Le renouvelable étant une production discontinue qui suit un rythme « naturel » (conditions météorologiques et morphologie géographique, cycle jour/nuit), il est nécessaire de disposer des moyens additionnels pilotables pour répondre aux pics de la consommation d'électricité.

À défaut de moyens de stockage à grande échelle ou d'une gestion extrêmement « sombre » de la consommation (susceptible, par ailleurs, de rigidifier le mode de vie des individus), le renouvelable (non pilotable) n'est pas en mesure de se substituer parfaitement aux énergies fossiles, quant à elles facilement transportables et stockables. Il est évident qu'on ne peut pas maîtriser ni anticiper avec précision le taux d'ensoleillement ou la puissance du vent.

---

58. François Bayrou, « Électricité, le devoir de la lucidité », Haut-Commissariat au Plan, document n° 4, mars 2021.

De ce point de vue, l'intermittence des énergies renouvelables[59], pourtant appelées en priorité par les réseaux de distribution d'électricité sur tout autre moyen de production[60], est un sérieux handicap parce qu'elle oblige de se doter d'une réserve de secours disponible à tout moment, qui redouble les capacités renouvelables installées. Autant dire qu'il s'agit de sources énergétiques qui ne se suffisent pas à elles-mêmes, mais nécessitent pour leur fonctionnement des centrales pilotables d'appoint (*backup*). L'accès prioritaire des énergies renouvelables sur les réseaux affecte la compétitivité du parc nucléaire français en amplifiant les besoins de « flexibilité » de ses réacteurs. Le risque ici serait de transformer le « socle » du mix énergétique du pays que représente la production nucléaire en variable d'ajustement des énergies renouvelables intermittentes.

La dépendance revisitée

Un autre motif de préférence à l'égard des énergies renouvelables est la considération que leur progression réduirait effectivement la dépendance énergétique du pays. Produire de l'électricité localement, au plus près des lieux de consommation, ne serait-il pas avancer résolument vers la souveraineté énergétique ? Toutefois, ce jugement est largement trompeur. Étant donné que la production d'électricité en France est très majoritairement bas carbone et ne dépend que marginalement des énergies fossiles

---

59. Bien plus qu'intermittente, l'énergie éolienne est aléatoire compte tenu de l'irrégularité du vent en force et en direction toutes les saisons.
60. Alors que la logique séculaire pour assurer l'optimisation du système électrique était celle de l'appel aux unités de production en fonction de leur préséance économique (Merit Order), les gestionnaires de réseaux sont maintenant tenus par des dispositions règlementaires européennes d'accepter prioritairement les énergies renouvelables sans considération d'optimum économique.

(moins de 5 %), la promotion du renouvelable n'apporte aucun atout supplémentaire en termes d'indépendance énergétique[61]. Par ailleurs, même les importations d'uranium pour la filière nucléaire ne représentent qu'un très faible pourcentage du prix de revient du courant nucléaire[62].

En revanche, toute une série de nuisances et de nouvelles dépendances énergétiques liées aux renouvelables non pilotables sont sous-estimées, voire ignorées. L'empreinte territoriale de ces énergies, dont les installations couvrent de grandes superficies de terres cultivables ou boisées, suscite des rejets locaux ou des problèmes d'acceptabilité sociale. Les griefs portent sur la pollution des sols, l'impact paysager et l'industrialisation des campagnes ou sur le recyclage encore limité des principaux composants sur les sites d'exploitation. À l'heure actuelle, ces problèmes restent irrésolus.

---

61. Au niveau européen, le cas de l'Allemagne, qui a développé de façon effrénée l'éolien et le photovoltaïque, est emblématique à la fois pour l'échec de son secteur électrique de réduire les émissions de CO_2 sur fond de sortie du nucléaire et pour son extrême dépendance du gaz russe dont elle s'efforce péniblement aujourd'hui de s'affranchir.

62. L'uranium n'est pas comparable au gaz ou au charbon qui occupent la part prépondérante du coût de l'énergie. En plus, il est harmonieusement réparti sur la planète. Comme l'explique un expert du nucléaire : « Il y a énormément de pays dans le monde où l'on peut trouver de l'uranium. Toute la question après est l'exploitation économique de la mine. Il faut toujours distinguer dans le domaine minier la rareté physique de la rareté économique. Le fournisseur privilégié de la France a été historiquement le Niger, sauf que les ressources au Niger diminuent. On s'approvisionne aussi en Ouzbékistan, au Canada, etc. Les lieux d'approvisionnement sont diversifiés géographiquement à l'échelle du globe. On estime aujourd'hui disposer économiquement des ressources réelles, accessibles, pour plus de 120 à 150 ans. » (Sylvain Vitet, conseiller auprès du directeur éxécutif Groupe, EDF DPNT, entretien réalisé par l'auteur)

En raison de leur nature diffuse, les énergies renouvelables sont consommatrices d'un grand volume de béton et de métaux par rapport à la quantité d'électricité produite. Par exemple, une éolienne d'une puissance de 2 MW qui mesure 150 mètres de hauteur nécessite des matériaux de construction dont le poids total peut atteindre 1200 tonnes. Or, ce grand dispositif requis pour extraire de l'énergie cinétique du vent ou thermique provenant du soleil dépend presque entièrement de l'approvisionnement en matières premières et de constructeurs d'industries métallurgiques ou chimiques qui se situent à l'étranger, voire pour une grande part en dehors de l'Europe.

À force de se focaliser exclusivement sur les dépendances d'approvisionnement classique en lien avec les énergies fossiles, on risque de faire l'impasse sur les nouvelles dépendances aux métaux et aux matériaux stratégiques du fait du déploiement massif des énergies renouvelables. Le manque de métaux stratégiques comme le cobalt, le nickel, le lithium ou le cuivre, ainsi que les terres rares, nécessaires pour les équipements éoliens et solaires, pourrait causer de vives tensions à l'échelle internationale et impacter fortement la sécurité énergétique de la France et de l'Union européenne. En perspective, la dépendance risque de se déplacer de l'approvisionnement en énergie fossile vers les équipements et les matériaux stratégiques.

Des énergies subventionnées quoi qu'il en coûte ?

Le développement des énergies renouvelables induit des effets économiques significatifs qui ne sont pas forcément pris en compte par une stricte approche financière en termes de coûts de production. Cette montée en puissance dans le système électrique, qui concerne principalement l'éolien et le photovoltaïque, oblige d'adapter les réseaux de transport et de distribution en réalisant d'importants travaux d'infrastructure. En fait, le caractère à la fois fluctuant et décentralisé des énergies renouvelables non pilotables génère des besoins d'investissement considérables dans le réseau électrique.

Réputée flexible et modulable, la nouvelle donne électrique issue du renouvelable n'est pas moins soumise à des contraintes techniques, économiques et organisationnelles qui ne peuvent que renchérir le coût de l'acheminement de l'électricité produite. La volatilité des flux et la dissémination géographique de producteurs individuels et de « consommActeurs » au niveau local, comme dans le cas emblématique des panneaux photovoltaïques posés sur les toits des habitations, rendent le pilotage et l'équilibre du réseau de plus en plus ardu. Elles obligent à développer les lignes de transport pour raccorder les nouvelles installations et à étendre les réseaux électriques de basse tension de la distribution, à optimiser les lignes existantes par la numérisation pour mieux gérer l'intermittence et la flexibilité d'exploitation du système électrique, voire à augmenter les capacités d'échange avec les pays frontaliers dans le cadre des interconnexions électriques.

Les coûts liés à la rénovation et à l'extension des réseaux seront répercutés sur la tarification applicable au transport et à la distribution d'électricité et se retrouveront, partiellement ou intégralement, sur les factures des consommateurs. Selon les estimations de RTE, les investissements associés aux nouveaux besoins s'établiront à 33 milliards d'euros sur 15 ans, soit environ deux milliards d'euros par an dans la prochaine décennie. RTE précise que « ce montant se situe dans la fourchette basse des montants prévus dans les pays voisins »[63]. Comment financer cet imposant projet de renforcement des infrastructures d'électricité ? Comme l'observe un élu territorial, il y aura certainement une forte répercussion sur l'usager. Mais à quel prix ? « En fait, ce prix va être socialisé et ne va pas apparaître dans le prix des renouvelables. Tout de suite, on est sur des opérations financières et non pas sur de simples investissements. »[64]

L'injection d'électricité renouvelable intermittente dans les réseaux n'est pas une opération neutre, mais induit des surcoûts qui affectent les factures des consommateurs par le biais de la contribution au service public de l'électricité (CSPE). Les filières électriques, comme l'éolien terrestre ou le photovoltaïque, vendent leur production à des tarifs fixes qui engagent financièrement l'État sur le long terme. Dans les faits, il s'agit d'énergies lourdement subventionnées, décorrélées du prix du marché de gros et dispensées de garantie de disponibilité.

Les dépenses de soutien octroyées par l'État à certains secteurs renouvelables, sous forme d'obligations d'achat ou d'incitations fiscales, se sont avérées disproportionnées par rapport à leur apport contributif dans la production d'électricité. Selon la Cour des comptes, les charges contractées en faveur du photovoltaïque antérieures au moratoire de 2010 induiront un coût global de 38,4 Md€, « pour un productible annuel de 4 TWh, soit environ 0,7 % de la production électrique française ». Quant aux premiers projets éoliens offshore, le montant de la subvention s'élèvera à 2 Md€/an, « soit environ 40,7 Md€ sur 20 ans, pour 11 TWh d'électricité produite annuellement, c'est-à-

63. Cf. RTE, « Développement du réseau électrique français à l'horizon 2035 : Un réseau rénové et repensé pour réussir la transition énergétique ».
64. Entretien avec Sébastien Gouttebel, *op. cit.*

dire 2 % de la production française. »[65] Une telle stimulation artificielle du renouvelable intermittent entraîne inévitablement une profonde distorsion des conditions de concurrence sur le marché de l'électricité qui pénalise, précisément, le consommateur au nom duquel le tournant de la libéralisation a été amorcé. Enfin, même sur les fronts de la création d'emplois et de la réindustrialisation, le bilan du développement des énergies renouvelables demeure relativement décevant :

> « Si les retombées [des EnR] sur l'emploi sont réelles, elles demeurent en deçà des objectifs initiaux. La balance commerciale nette incluant les économies théoriques d'importations de matières premières (énergies conventionnelles) évitées grâce à la production d'EnR est positive, mais celle des équipements est déficitaire. La France ne dispose d'aucun ensemblier sur l'éolien. S'agissant du solaire photovoltaïque, la filière française est quasiment inexistante et en mauvaise santé. Quelques industriels se maintiennent toutefois sur les marchés des EnR thermiques, mais pour des volumes modestes. Les entreprises françaises qui prospèrent sont les opérateurs historiques fournisseurs d'énergie. »[66]

---

65. Cf. Cour des comptes, « Le soutien aux énergies renouvelables », Communication à la commission des finances du Sénat, mars 2018, p. 70.
66. Cf. Cour des comptes, *Ibid.*, p. 41.

Chapitre V
La grande transformation des IEG

Le secteur de l'énergie est depuis un quart de siècle le théâtre d'intenses mouvements de modernisation qui recomposent aussi bien la gouvernance institutionnelle que les cultures professionnelles et managériales des entreprises. À l'encontre des poncifs les plus répandus sur l'« immobilisme » des opérateurs historiques de l'énergie, il existe un long processus de réorganisations orchestrées par les directions modernistes qui ne se contentent pas de réassembler les pièces du puzzle, mais s'efforcent de refaçonner le modèle des relations professionnelles hérité du passé. Les réformes de structure dans le domaine des industries électriques et gazières (IEG) se succèdent sans discontinuer en suscitant des réactions, des questionnements, et le cas échéant, des affrontements : ouverture à la concurrence, privatisations, rapprochement de GDF avec SUEZ, filialisations (commercialisateur, distributeur, transport), réforme du régime de retraite, l'énumération pourrait facilement se prolonger.

Une politique du changement systématique

Cette grande transformation est fondée sur la croyance qui consiste à faire de la concurrence une partie de la solution au moment où l'on constate que le marché de l'énergie lui-même est un chantier de situations structurellement instables et contrastées. L'idée d'une entreprise intégrée qui se caractérisait par une imprégnation transversale des métiers et où coexistaient toutes les composantes d'activités énergétiques n'est plus de mise. Il n'est même pas certain que l'on puisse parler d'une culture d'entreprise unifiée, tant il est vrai que derrière l'appartenance commune se profilent des expériences et des vécus professionnels singuliers, propres à chacune des sous-unités constitutives des IEG. Par un étonnant retour du balancier, tout a été segmenté, désintégré. La gouvernance « moderniste » d'entreprise élabore et met en œuvre des réformes contraignantes qui impactent toute la chaîne hiérarchique. L'initiative s'amenuise, les procédures s'alourdissent, les exigences de performance se renforcent. Tout le monde finit par perdre le sens de l'activité. C'est gouverner par les moyens et non pas par les fins. Comment faire l'emporte sur pourquoi faire.

Les incohérences et les contradictions de la politique énergétique nationale sous les injonctions libérales de la Commission européenne pèsent lourdement sur le cours des choses. L'idée que les opérateurs publics de l'énergie ne maîtrisent guère leur destin est forte et fortement enracinée dans l'esprit du temps. De ce point de vue, l'évolution des relations entre les collectivités territoriales et les commercialisateurs de l'électricité est tout à fait typique de la « libéralisation » des segments du marché national de l'énergie.

> « Jusqu'ici, il y avait une réelle satisfaction des collectivités vis-à-vis d'EDF et de la manière dont les contrats sont gérés. Or, on s'aperçoit que la moindre dotation de l'État aux collectivités territoriales conduit à des comportements inattendus. La recherche d'économies se fait plus pressante. L'émergence de sociétés de regroupement qui font miroiter des avantages soit en termes de prix soit en termes de volume de consommation incite certaines collectivités à prendre leur destin en main, quitte à passer par des “infidélités”. Au risque, bien sûr, de se tromper.

> En fait, on trouve tous les comportements. Y compris des élus qui ont voté en faveur de l'ouverture du marché, ce principe ne leur convient plus quand il s'applique à leur périmètre. Et l'inverse, il n'y a pas de lien probant entre la satisfaction client héritée des pratiques anciennes sur l'accompagnement ou les partenariats et la fidélité client. Après, il faut avoir de l'humilité, on a l'impression que les cartes sont rebattues entre les différents acteurs et que les rôles respectifs sont finalement assez chamboulés. C'est assez nouveau, mais EDF a cru avoir une certaine assurance ou fidélité sur le segment client des collectivités territoriales. Mais on s'aperçoit qu'elle n'est pas au rendez-vous. Le point de vue des élus, des services qu'ils mettent en œuvre et des acheteurs ne sont pas les mêmes et ne convergent pas. Ils ne recherchent pas les mêmes choses. Un élu est intéressé par la capacité d'être réélu, un service vise à minimiser sa charge de travail ou à faciliter les choses, un acheteur cible le gain ou la réduction des dépenses. Quand on enlève le carcan du tarif historique, on s'aperçoit que tout cela ne converge plus. »[67]

Dans ces conditions, l'enjeu pour les opérateurs est d'assumer le « tournant historique » sans laisser personne « sur le bord du chemin ». Mais comment trouver des éléments unificateurs alors que les objectifs des entreprises sont de plus en plus morcelés ? Comment assumer une responsabilité globale au moment où chaque acteur institutionnel gère une partie du processus sans finalité fonctionnelle d'ensemble ? Comment retravailler la question du sens partagé permettant l'implication productive de chacun au-delà des motifs strictement « individualistes » alors que l'identité d'appartenance à un collectif s'effiloche à la suite de la réforme des métiers ?

67. Entretien avec un cadre dirigeant d'EDF Commerce, réalisé par l'auteur.

Les réponses à ce triple questionnement sont loin d'être faciles.

Au préalable, les opérateurs historiques de l'énergie s'efforcent de temporiser, bon gré mal gré, face à certaines évolutions qui sapent les assises de leur souveraineté. Mais ils finissent par infléchir leur positionnement stratégique et s'adapter avec plus ou moins de conviction à des contraintes externes associées à la libéralisation. Les injonctions de Bruxelles, encouragées par les actionnaires et transposées en droit national par les gouvernements, leur apparaissent désormais incontournables. Pour rester fiables et performants, et surtout, pour ne pas se laisser distancer par les fournisseurs « outsiders » à l'affût de marchés porteurs, il est temps et tentant de se précipiter avec engouement dans les nouveaux modèles concurrentiels.

En parallèle, le centre de gravitation de la gouvernance d'entreprise se déplace vers un état-major très restreint qui s'empare du pouvoir décisionnel et condamne « au mutisme » les strates hiérarchiques subalternes. Les comités de direction deviennent très *business*, réduisant en silence organisationnel même l'encadrement supérieur. Les personnalités dirigeantes de l'entreprise ne font que « leur boulot » *stricto sensu*, sans aucune autre projection. Par ailleurs, l'argumentaire officiel sur le bien-fondé des changements manque de raison pragmatique et ne s'impose qu'avec la force de l'évidence. Dans de nombreuses décisions prises par les états-majors, il y a bien plus de discipline que de raison.

La fin du modèle intégré

Dès le lancement du processus d'ouverture du marché, EDF s'est engagée dans des transformations organisationnelles et opérationnelles en réalisant des investissements lourds dans des délais contraints, au rythme des grandes échéances fixées par les pouvoirs publics. La réforme d'EDF-GDF par la loi du 9 août 2004, qui a transformé le statut juridique des deux entreprises d'établissements publics à caractère industriel et commercial (EPIC) en sociétés anonymes (SA), ouvre la première brèche dans le modèle de l'entreprise énergétique verticalement intégrée. Dans son sillage, d'autres étapes majeures scandent le détricotage du modèle intégré, au risque de voir la brèche se muer en béance. À titre indicatif, on peut mentionner la désintégration des activités des réseaux de transport et de distribution, avec la filialisation de RTE en 2005, puis d'ERDF en 2008 (devenue Enedis en 2016), la fusion de GDF et de Suez entérinée en 2008, la loi NOME en 2010, pour aboutir au projet de réorganisation Hercule, ultime avatar provisoire de la politique de libéralisation qui se traduirait par une scission du groupe en trois entités distinctes[68].

Cette désintégration en flux continus introduit une complexité énorme dans le système électrique, source d'incompréhension, de confusion et de frustration. Pour le commun des mortels, les différences entre EDF, Enedis ou RTE sont imperceptibles. Elle induit, surtout, une désoptimisation coûteuse suite à la perte de synergies entre les différentes composantes du groupe EDF, dont les activités sont strictement compartimentées et les relations de plus en plus distendues. Les délais d'intervention et de

---

68. Lancé en avril 2019, le projet Hercule prévoyait la dislocation de l'opérateur public en trois entreprises séparées : EDF Bleu, contrôlée entièrement par l'État et incluant le nucléaire et le réseau de transport, c'est-à-dire les activités les plus capitalistiques, EDF Vert, ouverte aux investisseurs privés et réunissant le distributeur Enedis, le commercialisateur et les énergies renouvelables du groupe, EDF Azur, qui pourrait se consacrer à la gestion du parc hydraulique d'EDF en France. Suspendu jusqu'à nouvel ordre, ce projet a rencontré une opposition ferme et prolongée des syndicats et de la grande majorité des salariés de l'énergie qui ont lourdement pesé sur sa suspension.

mise en service s'allongent, la proximité et la réactivité qui faisaient la force et la fierté de l'opérateur historique régressent. Sans doute, tout n'est pas perdu, comme l'atteste la préservation de la péréquation des tarifs de réseaux ou le maintien du tarif réglementé de vente d'électricité, quoique régulièrement attaqué et rendu « contestable » par les fournisseurs alternatifs. En France, la gestion de l'eau est locale, mais l'électricité demeure une affaire nationale.

Par contre, c'est l'intégration verticale de la production avec la commercialisation, le transport et la distribution qui a été perdue. Jusqu'à récemment, ces éléments étaient étroitement liés au service public républicain de l'énergie. Les dissocier équivaut à cautionner la dégradation du système électrique français. Dorénavant, le pilotage de l'entreprise se fait sous la pression de la rentabilité qui, à son tour, bouleverse les modes d'organisation du travail. La rapidité des changements intervenus laisse peu de temps pour faire le bilan du virage opéré et s'interroger sur le sens du mouvement d'ensemble. Il en résulte un écart qui se creuse de plus en plus entre les valeurs professionnelles assumées par les salariés et les objectifs imposés par les directions managériales, au risque de faire du travail incomplet et « bâclé ».

Une mutation d'envergure

« J'ai assisté à un bouleversement majeur : une dérégulation du marché voulue par l'Union européenne, une mise en concurrence très assistée par le gouvernement en faveur des concurrents. Je suis arrivé à un moment où on n'avait pas des concurrents, on était plutôt cool, le fait d'avoir moins de contraintes nous faisait poser moins de questions. On est désormais dans un marché concurrentiel, si on n'est pas bon, les autres vont nous prendre des parts de marché. On est passé de l'usager au client. Globalement, d'autres cas similaires ont vécu le même type de transformation, comme France Télécom ou La Poste, mais j'estime que socialement on n'a pas eu la même casse. Peut-être, les dirigeants d'EDF ont profité du retour sur expérience de ces entreprises qui ont connu des suicides, des dépressions massives, etc. Nous, on n'a pas connu de tels problèmes, ce qui est pour une société de la taille d'EDF à mettre en avant. La transformation a pris du temps, étalée selon une politique industrielle plus adaptée à une société de la taille et de l'ampleur d'EDF.

Sur le papier, il s'agissait d'attaquer le segment du commercialisateur. Mais ce segment marche quand on a des sociétés organisées en filiales. Mais EDF n'est pas une holding à la base, avec un distributeur et un commercialisateur formant des sociétés propres. Le fait d'être une société intégrée qui gère toutes les activités de manière verticalisée implique que les activités commerciales sont diffusées à tous les segments de l'entreprise. » (Ingénieur en informatique trentenaire, DSIT-EDF, entretien réalisé par l'auteur en 2018)

La perception de la concurrence[69]

Comment les salariés du principal opérateur public d'électricité ont-ils vécu l'ouverture à la concurrence du marché ? Quelles en étaient les implications sur l'organisation du travail, le contenu des missions et les formes d'identification à l'activité professionnelle ? Quel avenir pour les collectifs de travail dans un contexte de

---

69. Cette partie de l'ouvrage s'appuie sur les matériaux empiriques issus de précédentes enquêtes de terrain sur l'évolution des relations professionnelles et du climat social chez les commerciaux d'EDF. Voir, plus particulièrement, Michel Vakaloulis, *Rapports au travail, dynamiques commerciales et avenir d'EDF Commerce*, Rapport de recherche, Comité d'entreprise EDF Commerce, 2019.

compétition par les coûts salariaux et les politiques d'externalisation des activités et des services ?

Les salariés commerciaux d'EDF perçoivent avec une grande clarté la percée de la concurrence dans le marché de l'électricité. Désormais, la clientélisation des relations commerciales avance à grands pas aux dépens du service public. Les fournisseurs alternatifs sont hyperactifs, robustes, agressifs. Ils sont plus de 160 acteurs à se battre à travers une multitude d'offres plus ou moins « sophistiquées », parmi lesquels se distinguent de grands groupes industriels comme Total Direct Energie, Engie (ex GDF Suez) ou le fournisseur italien ENI. Ils utilisent toutes les méthodes commerciales pour parvenir à capter des clients, et partant, pour accélérer l'érosion des parts de marché du fournisseur historique : publicité (souvent trompeuse), démarchage à domicile, sites internet performants et ergonomiques, activisme de marque sur les réseaux sociaux, etc.

La multiplication de cabinets d'interposition et de divers « experts » d'achats groupés d'énergie mandatés par les entreprises ou les collectivités territoriales est un facteur de complexification supplémentaire qui bouscule la relation clientèle directe et oblige à une réactivité de plus en plus intense de la part du fournisseur historique. Certains nouveaux entrants n'hésitent pas à franchir la ligne jaune en pratiquant un démarchage abusif. Ils sont prêts à tout faire pour récupérer des clients, quitte à verser dans des pratiques commerciales « frauduleuses ». D'où une multiplication de litiges, de fausses promotions, d'offres qui ne respectent pas les spécialisations des cahiers des charges.

Faut-il pour autant se décourager par les défis de la concurrence ? Les salariés d'EDF pensent que leur entreprise n'a rien à envier à ses concurrents. Elle a toutes les ressources et les compétences pour tenir son cap. Elle a sans doute ses travers et ses lacunes. Mais elle est fondamentalement engagée dans la quête de satisfaction clientèle, capable de dépasser ses insuffisances et de rebondir dans le sens du client. En même temps, il ne faut pas sous-estimer les compétences et les qualités des nouveaux entrants. Les possibilités d'en tirer des leçons dans les domaines de la publicité, du marketing ou de la promotion commerciale ne manquent pas. En fait, certains fournisseurs alternatifs ont des forces commerciales solides et une agilité opérationnelle leur permettant de lancer rapidement des offres variées et ciblées. Ils utilisent des méthodes issues souvent d'autres modèles d'entreprise qu'ils ont su transposer et réadapter dans le secteur de l'énergie.

L'entrée dans un monde incertain

Dès la deuxième moitié des années 2000, les salariés commerciaux d'EDF réalisent qu'ils vivent dans un monde incertain. C'est une période de doute et de brouillage croissant. Sans tomber dans un excès de pessimisme, l'avenir apparaît obscur. Où va l'entreprise ? Personne ne saurait le dire avec précision, et encore moins, ceux qui subissent les décisions au bout de la chaîne commerciale. Face à l'incertain, le devoir de vigilance s'impose. Le contexte a changé, le monopole a disparu. Les clients peuvent faire jouer leur éligibilité.

L'ouverture progressive des secteurs de l'électricité et du gaz à la concurrence a été préparée dans l'improvisation, sans pour autant enclencher un mouvement de panique. Les équipes se sont vite mises en ordre de bataille. Pour la première fois, il fallait sortir du cadre historique normé où les enjeux techniques étaient forts, mais les enjeux commerciaux faibles. Une fois la spirale de la libéralisation de l'électricité enclenchée, le mouvement économique apparaît irréversible. La grande majorité des salariés intègrent dans leurs représentations et leurs attitudes l'avènement du nouveau contexte concurrentiel.

Mais si pour certains commerciaux la problématique de l'ouverture du marché dans un milieu *business to business* (grandes entreprises) était compréhensible, elle l'était beaucoup moins dans le cas de la petite clientèle professionnelle et des usagers domestiques. Même s'ils prenaient acte du changement, ils étaient dubitatifs sur le sens et le bien-fondé de la libéralisation. Par ailleurs, ils critiquaient l'idée bruxelloise de mettre en concurrence les entreprises pour faire baisser le prix de l'énergie. Beaucoup anticipaient que le choix de déréguler le service public de l'électricité à la française risquerait de jouer en défaveur du consommateur.

En même temps, l'ouverture à la concurrence ne cesse d'« alimenter » le travail quotidien des commerciaux d'EDF. Elle comporte de nouveaux défis, remet en cause le mode de fonctionnement ordinaire, incite à innover et à se diversifier. C'est aussi une occasion de se mesurer et de se comparer aux autres acteurs économiques. Le point positif de cette évolution est la possibilité de se positionner au-delà du compteur d'électricité. Pour EDF, il s'agit d'aller vers une interprétation globale des problématiques énergétiques des clients avec des solutions « clés en mains » en matière d'économies d'énergie, d'isolation thermique de l'habitat, de panneaux photovoltaïques, etc.

Les identités professionnelles en mouvement

L'ouverture à la concurrence place les commerciaux dans une condition professionnelle contradictoire. D'une part, ils assimilent le nouveau cours des choses avec une grande capacité adaptative. L'effort accompli est considérable. Une nouvelle période s'ouvre, rythmée de nouveaux projets, de réorganisations de périmètre, de réaménagements règlementaires et institutionnels. La seule stabilité envisageable est celle du déséquilibre en permanence. La capacité d'adaptation devient le critère prédominant pour exercer le métier. C'est d'ailleurs sur un tel profil que de très nombreux jeunes diplômés ont été recrutés pour « remuer » les habitudes de travail de l'entreprise publique et relever les défis de l'ouverture à la concurrence. Le déploiement du mouvement des réformes, s'il produit des effets tangibles d'« ouverture » du secteur commercial, il suscite aussi un sentiment de lassitude et d'incompréhension largement partagé. Les salariés continuent à jouer le jeu, mais ils ne se retrouvent pas dans l'évolution en cours.

Avec l'ouverture à la concurrence des marchés de l'électricité et du gaz, le « commercial » est devenu un enjeu important pour l'entreprise publique. Lieu d'« innovation » et de « réactivité », la branche commerce va constituer aussi un espace d'expérimentation en matière de relations professionnelles, voire un « laboratoire social » d'EDF : études d'opinion, instauration de la rémunération complémentaire pour les agents d'exécution, semaine de 34 heures payées 35 heures et réparties sur quatre jours pour les conseillers clientèle, etc.

Dans le nouvel environnement, une large majorité de commerciaux ne vit pas forcément l'ajout de nouvelles tâches et la pression constante des objectifs comme un enrichissement du travail. La séparation entre le commercial et le technique déséquilibre les situations de travail et provoque de nombreux dysfonctionnements qui sont lourds à supporter au fil du temps. Le commercial assure la gestion contractuelle et la négociation, mais perd le lien fonctionnel avec le technique qui confortait sa légitimité face à la clientèle.

Cette césure, imposée administrativement par la CRE pour garantir le « droit d'accès aux réseaux et infrastructures » et éviter un « abus de position dominante » d'EDF sur les marchés français de l'électricité et du gaz, est considérée par beaucoup de salariés comme absurde et inopérante. Elle constitue un facteur de rigidité qui désoptimise les relations commerciales : parcellisation des tâches et des procédures qui obstrue l'apprentissage collectif, multiplication des interfaces et des intermédiaires qui dilue sur plusieurs personnes le suivi des dossiers clients, allongement des délais de service, non-respect des délais, rendez-vous manqués, etc.

Paradoxalement, au moment où le curseur se positionne vers les économies d'énergie tous azimuts, on assiste à l'organisation à l'échelle nationale d'un gaspillage phénoménal de ressources économiques, relationnelles, humaines. Le souci de la « neutralité concurrentielle » l'emporte sur l'efficacité sociale et la satisfaction clientèle. Il en résulte un sentiment d'impuissance qui suscite souvent un vrai malaise.

Quête de performance et réformes structurelles

En première ligne de l'ouverture à la concurrence, les commerciaux de l'opérateur historique ont l'impression que le mouvement s'emballe en affectant l'organisation du travail, le management, la clientèle, la nature des objectifs, les outils de la digitalisation, sans oublier le recours massif à la sous-traitance des activités. En situation de monopole, l'entreprise publique n'avait rien à prouver, rien à craindre. Avec l'intensification de la concurrence, il a fallu s'habituer très rapidement à de nouveaux discours clientèle et à de nouvelles façons de faire. S'adapter, le maître mot. Plusieurs éléments porteurs définissent l'orientation de cette mutation d'envergure. Voyons de plus près.

L'accélération de la concurrence

Passer d'un marché monopolistique à un marché ouvert avec une concurrence de plus en plus formée, aguerrie et agressive, oblige l'entreprise à développer la performance commerciale, sous peine de perdre sa première place au podium. Pour rester compétitive dans un contexte de perte de parts de marché, la direction commerce a réduit drastiquement les effectifs statutaires[70] et a externalisé de pans entiers de ses activités. À défaut de pouvoir endiguer le « grignotage » des abonnés par la concurrence, la réduction drastique des effectifs statutaires apparaît inexorable.

La conquête de la clientèle

La bataille pour défendre et gagner des parts de marché entraîne une vaste réorganisation du travail. Il ne s'agit pas de « gérer » une clientèle naguère captive, mais de la fidéliser, et si possible, de reconquérir les clients « réfractaires » ayant changé de fournisseur. Les objectifs de vente deviennent plus ambitieux, la gamme de produits et de services commercialisables s'enrichit, les conseillers clientèle se muent, bon gré mal gré, en conseillers commerciaux polyvalents.

L'opacité des opportunités de carrière

Les chances d'évolution professionnelle au sein de la direction commerce s'estompent au fur et à mesure des restructurations incessantes, des fermetures de sites et de

---

70. En 2011, EDF Commerce comptait environ 11 500 agents, mais il a perdu depuis le tiers de ses effectifs. Certains commentaires suggèrent que, pratiquement, le commercialisateur public a vécu en dix ans un « plan social » déguisé.

services, des départs d'agents non remplacés. L'idée que certains postes en bas de l'échelle sont des chemins qui ne mènent nulle part est largement répandue parmi les salariés.

Les objectifs en constante augmentation

La réduction des effectifs de l'entreprise conduit à une forte intensification du travail. Les salariés constatent que les objectifs sont de plus en plus « costauds », notamment sur le développement de services annexes comme relais de croissance pour maintenir les marges bénéficiaires. Le mouvement se précipite, les tensions commerciales montent, les sollicitations se multiplient. Cette évolution se vérifie à tous les niveaux de la hiérarchie.

Les fermetures de sites

En parallèle avec le reflux des effectifs d'EDF Commerce, de nombreux sites de travail disparaissent dans le cadre d'un mouvement de recentrage territorial des activités. Beaucoup de salariés ont subi une mobilité contrainte à la suite de la restructuration de leur service, de la disparition des boutiques EDF qui incarnaient les valeurs de proximité ou de la fermeture de nombreux plateaux clientèle. Certes, toutes les unités ne sont pas concernées au même degré et ne sont pas confrontées au même calendrier. Mais les salariés qui « déménagent » colportent avec eux l'amertume de leur parcours mouvementé, les contrariétés de leur horizon d'attente. Imperceptiblement, leurs témoignages circulent et se propagent par capillarité auprès des autres salariés.

Une histoire de boutiques

« Au départ, on avait des accueils physiques EGD [EDF Gaz de France Distribution]. Sur le plateau, on avait un petit accueil client avec la caisse. J'ai commencé par la caisse. On avait des services Objectifs Travaux où il fallait faire venir le client pour lui vendre l'expérience d'EDF en matière d'économies d'énergie. Or, par la suite, le gouvernement a décidé qu'EDF ne pouvait pas se servir des clients de son portefeuille en tarif bleu pour leur vendre des services additionnels en économies d'énergie. Déjà, on avait du mal à recevoir des clients prémium. On n'avait pas la bonne démarche pour les recevoir. Du coup, on a reçu des clients tout-venant.

Les conseillers en boutique étaient des ultra-commerciaux. On avait un outil informatique, mais ils nous ont formés sur 30 % de l'outil. On ne faisait pas de relation client. Quand un client venait avec une facture, on lui disait que ce n'était pas le bon endroit. Il fallait appeler au téléphone. En boutique, on était pour ouvrir des contrats et vendre des services additionnels. Mais on ne faisait pas du service client. Quand on a vu la chute des clients, on a commencé à prendre un peu de relation client, mais toujours sans formation. À force de renvoyer les gens au téléphone, le flux des clients s'est asséché. On s'est retrouvé, certains jours, quatre en boutique avec trois clients. Forcément, ils avaient vu trop grand, pour l'image de marque, mais une boutique vide ne renvoie pas une image positive.

En fait, on n'a pas travaillé en canal physique. Parfois, sur les plateaux, il y a des clients qui ont des réclamations très complexes. Par exemple, des explications de factures. On aurait pu se servir du canal physique pour une prise de rendez-vous en boutique avec tel conseiller. Orange a pris ce canal-là. En plus, on n'avait rien à vendre, que des services. Le client ne sortait pas avec un gadget dans un sachet. Chez Orange, vous sortez avec un téléphone, une carte SIM, un chargeur. J'ai essayé de dire qu'il faudrait vendre une ampoule économique, un chargeur, des trucs solaires, etc. Des relais pour des clients qu'on ne voit jamais. Mais en vain !

Je suis persuadé qu'on va rouvrir les boutiques, mais dans un autre contexte. Peut-être des endroits moins luxueux, près des mairies, quitte à travailler en relation avec les collectivités territoriales, à tenir une permanence dans un bureau postal ou ailleurs. À EDF, on est des professionnels du faire et du défaire. Mais si on ne garde pas ce lien avec le client, on va perdre notre identité.

Aujourd'hui, aucun concurrent n'a un accueil physique. Pour EDF, c'était une force de frappe d'avoir cet accueil physique. Il faut repenser le concept de proximité avec un service, avec des conseils sur le rechargement des voitures électriques, avec les bornes, avec de vraies choses à vendre. Des trucs concrets. On profiterait de l'image de marque pour produire des choses. Nous, on ne fait pas de porte-à-porte. Mais si on n'a pas de boutique, comment gagner des clients en gaz après la fin des tarifs réglementés ? Cette réflexion est partagée par une partie des salariés. On a vraiment besoin d'ouvrir des boutiques avec de vrais accueils et de vrais conseillers qui sont des commerciaux gestionnaires. De mettre en valeur de nouveaux besoins et de nouveaux produits liés à la transition écologique. La Poste a su le faire avec plein de choses. Il n'y a pas de raison que nous ne puissions pas le faire. » (Conseiller expert d'EDF Commerce, marché des particuliers, entretien réalisé par l'auteur)

La place des prestataires

La problématique de la sous-traitance prend une ampleur croissante au sein d'EDF Commerce. En réalisant plus de la moitié des activités de la relation clientèle, aussi bien dans le marché des particuliers que dans le marché d'affaires (hormis les segments des grandes entreprises, collectivités locales et regroupements qui ne sont pas externalisés), elle se place au centre du dispositif commercial. Il est important de noter que les conseillers clients statutaires (environ 2000 à l'heure actuelle) sont moins nombreux que les conseillers prestataires. Le spectaculaire essor de la sous-traitance suscite un malaise chez les commerciaux d'EDF qui redoutent la substitution de leur métier par les salariés précaires des entreprises « partenaires ». L'appréhension de l'externalisation est d'ailleurs renforcée par le manque de visibilité sur l'organisation et les conditions de travail des entreprises prestataires.

Tout en étant hostiles aux stratégies patronales d'externalisation des activités commerciales, les salariés commerciaux d'EDF insistent sur la nécessité de respecter les standards de qualité de service, quel que soit le statut des « collaborateurs ». Quand les clients appellent, ils ne savent pas sur quelle plate-forme ils tombent, ils ne voient pas les prestataires. Ils s'adressent, de manière indifférenciée, à EDF dont ils attendent un traitement efficace et rapide. D'où l'intérêt d'avoir des partenaires qui « tiennent la route » et disposent de vraies compétences en matière de commercialisation de l'électricité. Une telle expertise métier ne s'acquiert pas du jour au lendemain. Elle s'inscrit dans la durée et présuppose un plan de formation soutenue. Or, la rotation des personnels prestataires relance de façon récurrente les besoins de formation. C'est un travail d'éternel recommencement. D'où l'importance de rester vigilant et de maîtriser le recours à la sous-traitance.

La transformation digitale entre menaces et opportunités

L'emprise croissante de la digitalisation implique un profond changement des repères, des méthodes et des habitudes de travail. Certes, le phénomène n'est pas nouveau, l'informatique d'entreprise date depuis au moins quatre décennies alors que les premiers sites marchands en ligne remontent aux années 1990 (création d'Amazon en 1995). La dématérialisation des données et le traitement

« intelligent » de l'information opèrent partout aujourd'hui, y compris au sein des entreprises « traditionnelles ». Ce n'est donc pas la nouveauté de la mutation digitale qui fait débat (et qui devient enjeu stratégique de la modernisation des entreprises), mais les effets perturbateurs et disruptifs qu'elle entraîne aussi bien dans l'organisation du travail que dans le rapport avec la clientèle.

La digitalisation des activités commerciales est traversée par une tension majeure entre l'acceptation consentie d'un phénomène réputé « incontournable » et les craintes de ne pas pouvoir maîtriser ses conséquences différées, notamment en matière d'emploi et de qualification professionnelle. D'abord, les bénéfices attendus : opportunités de redéployer la relation clientèle, de diversifier l'offre commerciale, de favoriser la traçabilité et la transparence, d'interagir « intelligemment » avec la clientèle, et surtout, de gagner du temps. L'auto-administration par les clients de certaines opérations simples permettrait de focaliser sur le cœur du métier, et partant, sur des contenus de travail plus valorisants et créatifs.

En même temps, le processus de digitalisation renvoie à la menace d'une suppression drastique des effectifs commerciaux. Certes, son impact sur les différents métiers est asymétrique et « lissé » dans le temps. Les procédures complexes et les actes à forte valeur ajoutée seraient *a priori* moins concernés que les activités commerciales de *front office*, plus facilement automatisables, et au bout du compte, externalisables. On peut aussi présumer que les pertes seront en partie compensées par la création de nouveaux emplois, voire de métiers plus qualifiés qui réclament des compétences relativement nouvelles. Il est pourtant clair que les postes supprimés ne seront pas strictement équivalents aux postes reconduits ou recréés. La translation de la structure des qualifications vers le haut risque de faire disparaître une grande partie des fonctions et des postes de commerciaux actuels.

Indissociablement prometteuse et menaçante, la « transformation digitale » est un vaste chantier de réorganisation des métiers et des cultures de travail. Aucune entreprise ne saurait s'y soustraire, sous peine de perdre sa compétitivité et son attractivité. D'emblée, c'est le rapport à la clientèle qui force à la digitalisation des activités. Aux exigences des clients se rajoutent les pressions des concurrents. Il faudrait donc transformer le risque en opportunité.

Les atouts de la digitalisation sont indéniables. Elle permet d'accélérer la gestion des stocks et de gagner du temps opérationnel, favorise le développement d'outils collaboratifs pour partager l'information en simultané, facilite et simplifie le travail au quotidien en conférant une meilleure visibilité aux activités commerciales. Il est vrai que certaines tâches administratives ou gestionnaires sont vouées à la disparition dans la foulée de la numérisation. Mais d'autres missions persisteront, se renouvelleront et s'inventeront, notamment autour du conseil énergétique et de la place de l'électricité parmi les autres utilités.

Il n'empêche que cette transition implique aussi bien la reconversion (ou la destruction) de compétences devenues obsolètes que l'acquisition de nouvelles qualités professionnelles qui n'existaient pas auparavant dans l'éventail des métiers commerciaux. Il est important de cartographier l'espace des nouveaux besoins en termes de qualification et de formation, et surtout, d'accompagner avec des moyens humains et financiers conséquents les parcours professionnels des salariés vers les métiers porteurs d'avenir.

À l'heure où la « maîtrise des coûts commerciaux » devient un défi stratégique face à une concurrence robuste et agressive, la défense de la compétitivité et la consolidation des parts de marché passe par l'élévation continue du niveau des qualifications des salariés. L'enjeu est de former des équipes agiles et réactives de commerciaux, ayant une bonne connaissance des stratégies de la concurrence et une forte appétence pour l'analyse des données sur la clientèle afin de mieux adapter l'offre commerciale selon les besoins exprimés et perçus.

Une inquiétude sans filtres

Face aux multiples bouleversements induits par la libéralisation du secteur de l'énergie, le malaise s'incruste dans les représentations collectives des commerciaux d'EDF. Il ne s'agit pas d'une simple croyance, mais d'une conviction fondée sur des éléments factuels, tangibles. L'ouverture à la concurrence est désormais une réalité incarnée et éprouvée. Les pertes sèches de clientèle, aussi bien dans le marché d'affaires que chez les clients particuliers, ont été déjà comptées, divulguées et régulièrement utilisées pour inciter à améliorer les résultats[71]. Ne pas jouer le jeu aujourd'hui revient à ne plus avoir de « job » demain. Quant au recours accru aux prestataires externes, il est tentant de déduire que cela n'augure « rien de bon », mais au contraire, confirme que les « petits métiers » ne représentent plus un segment stratégique de la direction commerce.

À cela s'ajoute la crainte de filialisation de la branche commerce, liée notamment à la fin du modèle intégré de l'entreprise publique. L'idée selon laquelle les agents d'EDF seraient « intouchables » se trouve ébranlée. Sans

71. Avant la crise énergétique de 2022, EDF perdait 100 000 clients tous les mois au profit de la concurrence. Depuis l'explosion des prix de l'électricité et les déboires de nombreux fournisseurs alternatifs, la tendance s'est diamétralement opposée, à tel point que l'électricien historique a déjà engrangé plus d'un million de nouveaux abonnés.

être inédit, ce contexte anxiogène apparaît aujourd'hui plus marquant que dans le passé. Il s'accompagne le plus souvent d'un sentiment d'impuissance d'autant plus ancré que la vision d'ensemble des orientations commerciales d'EDF fait défaut. L'avenir des métiers devient un sujet courant de conversation. Désormais, on en parle ouvertement, franchement. Sans détours ni filtres. Ce mouvement soutenu et déconcertant n'est pas sans conséquences sur les stratégies individuelles des salariés. Un grand nombre de conseillers sont tentés de quitter par anticipation la direction commerce échappant, en l'occurrence, aux rigidités des métiers « postés ». Certains trouvent une porte de sortie et franchissent le pas. Mais dans leur grande majorité, les commerciaux qui sont attachés à leur métier restent attentistes.

Toutefois, il subsiste plusieurs sources de mécontentement. Même en l'absence d'un sujet conflictuel majeur, la coexistence de multiples éléments régressifs entretient une ambiance souvent tendue sur les lieux de travail. À titre indicatif, on peut retenir les points suivants :

► La dégradation lente, mais persistante des conditions de travail liée à la montée des exigences en termes de rendement.

► Le rétrécissement des marges de manœuvre sur la politique salariale qui se ressent à tous les niveaux : avancements au choix, primes, intéressement, etc.

► Les opportunités d'évolution professionnelle en berne qui engendrent des frustrations en matière de reconnaissance et des craintes de faire du surplace.

► Les réorganisations incessantes avec leur cortège de suppressions d'emplois opérationnels et de fermetures de sites.

Dans ces conditions, le sentiment d'appartenance à l'égard d'EDF Commerce s'affaiblit. Désormais gagnés par le doute, une partie grandissante des salariés se sentent désorientés et refusent de se projeter de manière exclusive par rapport aux enjeux de la branche commerce. Les départs volontaires et les réductions drastiques d'effectifs, les craintes sur l'avenir des métiers, le déficit de valorisation des activités commerciales dans l'économie globale du groupe sont des éléments qui fragilisent l'attachement au commercialisateur.

Leçons d'une crise

L'ouverture à la concurrence des marchés de l'électricité et du gaz a suscité beaucoup d'engouement parmi les élites dirigeantes en France comme en Europe. Les promesses nombreuses et ambitieuses, les défis importants et tentants à relever. Une euphémisation discursive accompagne immanquablement les pratiques de la libéralisation. Il s'agit d'employer des termes « feutrés » pour dissimuler une réalité qui n'est pas toujours en phase avec les aspirations des populations. À côté des énoncés stéréotypés, comme les métaphores militaires autour de la « concurrence », de nouveaux dispositifs de « formatage » des esprits se sont fait jour. La démarche mise en place est simple et valable, quel que soit le changement envisagé : on commence par instaurer un nouveau principe dont les effets initiaux sont négligeables, mais qui deviennent ensuite de plus en plus pesants, provoquant des ruptures et des disjonctions de fond. Sans revenir réflexivement et politiquement en arrière pour en faire le bilan.

Paradoxalement, nous constatons un succès du programme inavouable de l'ouverture à la concurrence de l'énergie. Les faits sont avérés. Le service public républicain s'est dégradé en accentuant les distorsions territoriales et en mettant en cause le principe de l'égalité de traitement au profit de fournisseurs alternatifs nourris au biberon de subventions publiques sans prendre, pour la plupart d'entre eux, de risques industriels en investissant dans des actifs de production. Les opérateurs historiques ont été éclatés, filialisés, voire privatisés, quitte à donner naissance à de nouvelles structures oligopolistiques à l'échelle européenne.

L'intégration verticale du système électrique national a été rompue, au prix d'une désoptimisation subie par les différentes entités détachées, mais aussi par les clients, synonyme de coûts supplémentaires et d'une complexité accrue. À défaut d'assentiment préalable des populations, la ligne directrice d'ouverture à la concurrence s'est imposée de manière directive et unilatérale, sans rien lâcher sur le fond ni s'embarrasser de considérations sociales, hormis certaines mesures d'accompagnement des salariés de l'énergie en perte d'emploi ou en reconversion professionnelle.

En revanche, presque tous les objectifs déclarés de la dérégulation de l'énergie ont échoué. La soutenabilité du nouvel ordre énergétique a volé en éclat sous la conjonction de plusieurs facteurs. Au lieu de jouer un rôle protecteur et stabilisateur, le « grand marché intérieur » a engendré une incertitude supplémentaire en amplifiant les déséquilibres préexistants et les difficultés de coordination entre les acteurs du secteur de l'énergie. La possibilité pour les consommateurs de faire jouer la concurrence, en optant pour le tarif libre ou réglementé, n'a pas empêché l'augmentation continue des prix de l'énergie. Déconnecté de la réalité des coûts de production, le prix de l'électricité est devenu incontrôlable, tel un électron libre. La forte et imprévisible hausse des tarifs, compte tenu de la faible substituabilité de l'électricité, n'a eu de cesse de grignoter sérieusement le pouvoir d'achat des ménages tout en pénalisant la compétitivité des clients industriels pris dans le piège.

Les nouvelles offres tarifaires que les fournisseurs alternatifs proposent, sous la pression d'un démarchage permanent et insistant, manquent de visibilité et de cohérence une fois dissipé l'effet du prix d'appel attractif. Quant à l'innovation et à la différenciation de la structure de l'offre, l'homogénéité du produit électrique et les propriétés physiques des réseaux de distribution ne permettent pas, du moins pour l'instant, aux activités de fourniture et de commercialisation d'apporter une vraie valeur ajoutée aux clients.

Mais là où le bât blesse, c'est l'avenir industriel du système électrique qui reposait en France sur des opérateurs publics performants et dynamiques au service des besoins de la population et de l'économie nationale. Or, l'introduction de la concurrence a remis fondamentalement en cause le modèle « fondateur » du service public pour se fixer sur la recherche d'une rentabilité et d'une flexibilité toujours plus fortes. Les réformes de structures successives ont entraîné des bouleversements d'une ampleur inédite : intensification des pressions de productivité, recours accru à la sous-traitance en misant sur le dumping social, recomposition des cultures professionnelles et managériales, perte des repères identitaires à la suite de l'éclatement de l'entreprise publique, enfin, tendance à piloter les équipes par les coûts et les délais et moins par la technique et la qualité.

En dépit des promesses libérales sur l'émergence d'un environnement favorable à l'investissement productif et à la sécurisation de l'approvisionnement énergétique, la vision stratégique et le socle de stabilité pour se projeter dans l'avenir font cruellement défaut. D'où le bricolage permanent de la politique européenne en matière d'énergie dont la crise actuelle du gaz et de l'électricité est révélatrice d'un état de désordre.

En définitive, les politiques d'ouverture du marché de l'énergie sont d'ores et déjà un échec retentissant. Elles sont inefficaces au regard du service à rendre à la Nation, mettent en difficulté les entreprises et les consommateurs, entravent la nécessaire transition énergétique. La crise énergétique actuelle prouve encore une fois, si besoin en était, que l'électricité n'est pas un bien de consommation comme un autre. Sa régulation par le marché « libéralisé » entraîne des mouvements de prix brusques et exorbitants, et au passage, de nouvelles opportunités de rente qui se répercutent directement sur la facture des consommateurs.

Le véritable enjeu est de se soustraire aux règles d'une concurrence artificielle qui brouille la vision d'avenir et tétanise toute velléité d'investissement à long terme pour revenir à une planification démocratique de l'énergie orientée vers une économie bas carbone ayant comme seule boussole l'intérêt du pays. La conquête de la souveraineté énergétique ne rime ni avec isolationnisme qui ignore les enjeux environnementaux globaux ni avec autarcie qui signifie repli sur les frontières nationales. Cependant, il est clair qu'une stratégie d'indépendance énergétique passe inévitablement par une longue et difficile confrontation avec le pouvoir bruxellois et le bloc politique néolibéral en Europe.

Dans cette perspective, le rôle des organisations professionnelles des salariés de l'énergie est fondamental. Il s'agit de contrer les ravages de la libéralisation, menée tambour battant au nom du bon plaisir du consommateur, mais devenue incontrôlable, et surtout, de contribuer à la construction d'une alternative crédible, durable et solidaire en matière de transition énergétique. En l'absence de mobilisations collectives constructives et revendicatives, la dégradation de la condition salariale et du service public républicain de l'énergie serait vertigineuse. Mais ce combat ne saurait être efficace qu'à condition d'investir le champ de la politique énergétique dans sa totalité, en captant tous les maillons de la chaîne qui font le rapport de forces, y compris la maîtrise de la communication médiatique.

Bibliographie

BAFOIL François, FODOR Ferenc, LE ROUX Dominique, *Accès à l'énergie en Europe*, Presses de Sciences Po, Paris, 2014.

BARONI Marco, *Energie nucléaire : la nouvelle donne internationale*, Fondation pour l'innovation politique, Paris, 2021.

BERNIER Aurélien, *L'énergie hors de prix : Les dessous de la crise*, Éditions de l'Atelier, Paris, 2023.

BOUTTES Jean-Paul, DASSA François, *Europe de l'électricité. Une perspective historique*, Études de l'IFRI, Paris, 2016.

BREON François-Marie, MARIGNAC Yves, *Peut-on se passer du nucléaire ?*, Éditions Télémaque, Paris, 2022.

CAMPAGNOLA François, *Précis de droit de l'énergie*, L'Harmattan, Paris, 2023.

HAFNER Manfred, TAGLIAPIETRA Simone, *The Geopolitics of the Global Energy Transition*, Springer International Publishing AG, New York, 2020.

HAZOUARD Solène, LASSERRE René (dir.), *La transition énergétique. Un défi franco-allemand et européen*, CIRAC, Cergy-Pontoise, 2018.

HAZOUARD Solène, LASSERRE René, UTERWEDDE Henrik (dir.), *Relations sociales dans les services d'intérêt général*, CIRAC, Cergy-Pontoise, 2011.

LEWANDOWSKI Cédric, *Le nucléaire*, Presses Universitaires de France, coll. « Que sais-je », Paris, 2021.

MINI Caroline, BORDIGONI Mathieu, *L'industrie face aux prix de l'énergie : les marchés européens sont-ils en défaut ?*, Presses des Mines, Paris, 2022.

PERCEBOIS Jacques, *Le prix de l'électricité : entre marché, régulation et subvention*, Fondation pour l'innovation politique, Paris, 2019.

PINON Xavier, VERON Thomas, *Le marché de détail de l'énergie : la concurrence en action dans l'électricité et le gaz*, L'Harmattan, Paris, 2014.

PITRON Guillaume, *La guerre des métaux rares : la face cachée de la transition énergétique et numérique*, Éditions Les liens qui libèrent, Paris, 2023.

POLLITT Michael, « The European Single Market in Electricity: An Economic Assessment », *Review of Industrial Organization*, Cambridge, 2019.
POUPEAU François-Mathieu, *L'État en quête d'une stratégie énergie-climat*, Presses des Mines, Paris, 2023.
REVERDY Thomas, *La construction politique du prix de l'énergie*, Presses de Sciences Po, Paris, 2014.
SCHAEKEN WILLEMAERS Jean-Pierre, *L'avenir du système électrique européen*, Éditions Technip, Paris, 2019.
WEGHMANN Vera, *L'échec de la libéralisation de l'énergie*, Fédération syndicale européenne des services publics (FSESP), Bruxelles, 2019.
WELSCH Manuel (dir.), *Europe's Energy Transition : Insights for Policy Making*, Academic Press, Cambridge, Massachusetts, 2017.

TABLE DES MATIÈRES

Structures éditoriales du groupe L'Harmattan

L'Harmattan Italie
Via degli Artisti, 15
10124 Torino
harmattan.italia@gmail.com

L'Harmattan Hongrie
Kossuth l. u. 14-16.
1053 Budapest
harmattan@harmattan.hu

L'Harmattan Sénégal
10 VDN en face Mermoz
BP 45034 Dakar-Fann
senharmattan@gmail.com

L'Harmattan Cameroun
TSINGA/FECAFOOT
BP 11486 Yaoundé
inkoukam@gmail.com

L'Harmattan Burkina Faso
Achille Somé – tengnule@hotmail.fr

L'Harmattan Guinée
Almamya, rue KA 028 OKB Agency
BP 3470 Conakry
harmattanguinee@yahoo.fr

L'Harmattan RDC
185, avenue Nyangwe
Commune de Lingwala – Kinshasa
matangilamusadila@yahoo.fr

L'Harmattan Congo
219, avenue Nelson Mandela
BP 2874 Brazzaville
harmattan.congo@yahoo.fr

L'Harmattan Mali
ACI 2000 - Immeuble Mgr Jean Marie Cisse
Bureau 10
BP 145 Bamako-Mali
mali@harmattan.fr

L'Harmattan Togo
Djidjole – Lomé
Maison Amela
face EPP BATOME
ddamela@aol.com

L'Harmattan Côte d'Ivoire
Résidence Karl – Cité des Arts
Abidjan-Cocody
03 BP 1588 Abidjan
espace_harmattan.ci@hotmail.fr

Nos librairies en France

Librairie internationale
16, rue des Écoles
75005 Paris
librairie.internationale@harmattan.fr
01 40 46 79 11
www.librairieharmattan.com

Librairie des savoirs
21, rue des Écoles
75005 Paris
librairie.sh@harmattan.fr
01 46 34 13 71
www.librairieharmattansh.com

Librairie Le Lucernaire
53, rue Notre-Dame-des-Champs
75006 Paris
librairie@lucernaire.fr
01 42 22 67 13

www.ingramcontent.com/pod-product-compliance
Lightning Source LLC
LaVergne TN
LVHW051359061026
849535LV00009B/3263
* 9 7 8 2 3 3 6 4 2 8 3 5 2 *